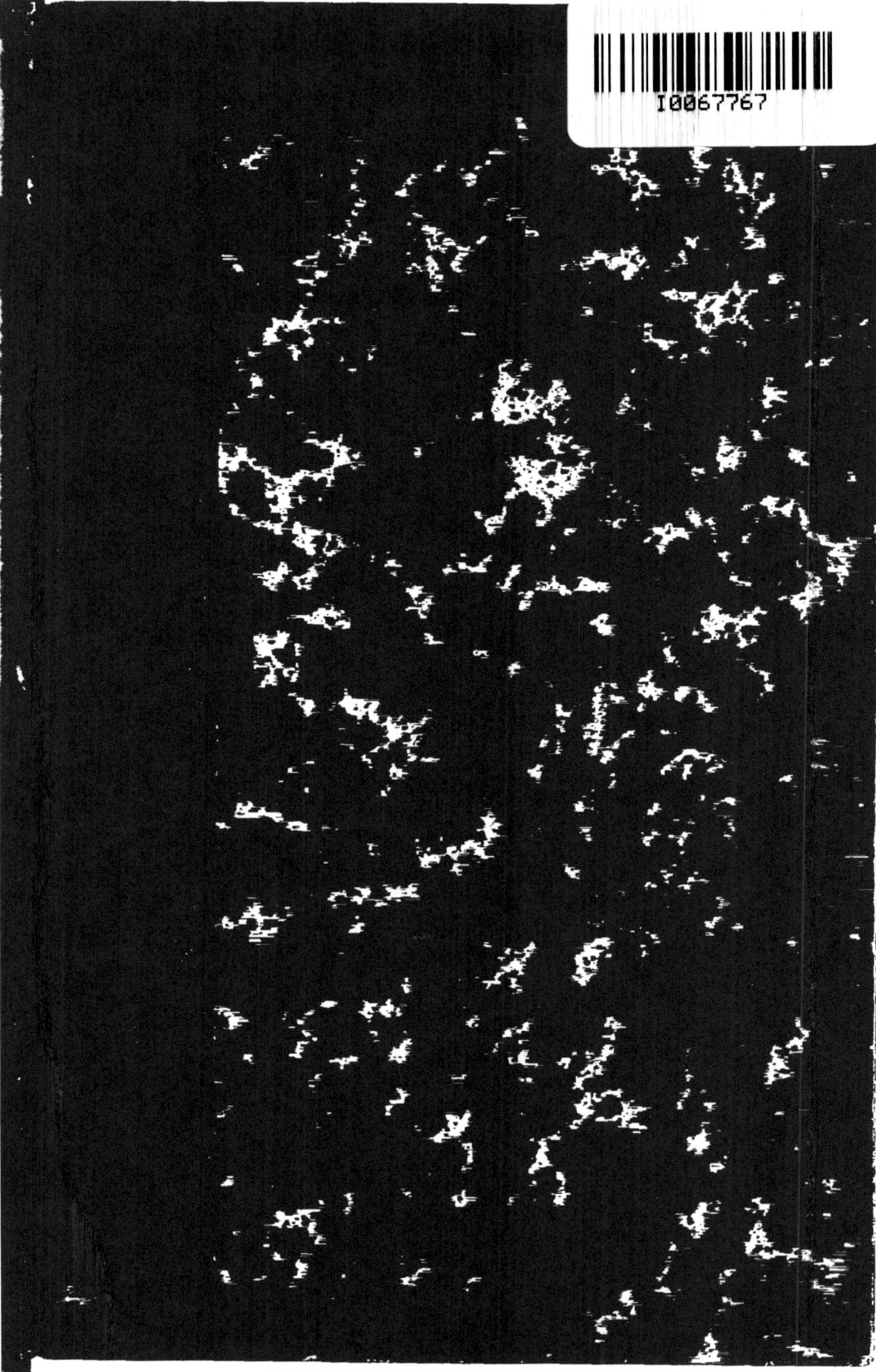

S

9755A

GUIDE PRATIQUE

POUR

LE BON AMÉNAGEMENT

DES

HABITATIONS DES ANIMAUX

C.

L'auteur et l'éditeur se réservent le droit de traduire ou de faire traduire cet ouvrage en toutes langues. Ils poursuivront conformément à la loi et en vertu des traités internationaux toute contrefaçon ou traduction faite au mépris de leurs droits.

Le dépôt légal de cet ouvrage a été fait à Paris à l'époque de mars 1866, et toutes les formalités prescrites par les traités sont remplies dans les divers États avec lesquels il existe des conventions littéraires.

Tout exemplaire du présent ouvrage qui ne porterait pas, comme ci-dessous, ma griffe, sera réputé contrefait, et les fabricants et débitants de ces exemplaires seront poursuivis conformément à la loi.

CORBEIL. — Typ. et stér. de CRÉTÉ.

BIBLIOTHÈQUE DES PROFESSIONS INDUSTRIELLES ET AGRICOLES

SÉRIE H, N° 4.

GUIDE PRATIQUE

POUR

LE BON AMÉNAGEMENT

DES

HABITATIONS DES ANIMAUX

PAR EUG. GAYOT

Membre de la Société impériale et centrale d'agriculture
de France.

Les Bergeries; — Les Porcheries; — Les habitations
des animaux de la basse-cour;
Clapiers, Oisellerie et Colombiers.

PARIS

LIBRAIRIE SCIENTIFIQUE, INDUSTRIELLE ET AGRICOLE

EUGÈNE LACROIX, ÉDITEUR

LIBRAIRE DE LA SOCIÉTÉ DES INGÉNIEURS CIVILS

QUAI MALAQUAIS, 15

1866

Tous droits réservés.

AVERTISSEMENT

DE L'ÉDITEUR.

Le *Guide pratique pour le bon aménagement des habitations des animaux domestiques* est une œuvre nouvelle et complète, un livre qui manquait aux praticiens et qui a été conçu de façon à ne pas leur imposer un sacrifice trop lourd.

Il pouvait se faire en un seul volume, mais alors, eu égard surtout au grand nombre de figures qu'il contient, il eût été d'un prix assez élevé. En le divisant, comme il l'a été, il peut n'être acheté qu'en partie, suivant les besoins particuliers de ceux-ci et de ceux-là : c'est une grande facilité donnée aux petits acheteurs auxquels nous avons spécialement songé en créant la *Bibliothèque des professions industrielles et agricoles*.

Tous les traités d'hygiène vétérinaire ont fait leur place aux diverses demeures que l'on consacre forcément aux animaux. Celles-ci y ont été l'occasion d'un chapitre et rien de plus. Ce n'est point assez : le moment était venu de faire un livre à part dans lequel seraient tracées, dans leur spécialité propre, les règles à suivre pour loger sainement et commodément chacune des espèces que l'homme s'est attachées de plus près.

Tel est, en son ensemble, l'ouvrage de M. Eug. Gayot, l'un des écrivains les plus compétents à coup sûr

a

en cette matière. Il est à la fois scientifique et pratique, ainsi qu'il convenait qu'il fût au temps où nous sommes. Par là, nous entendons que la science pure ne trouvera rien à y reprendre et que l'éducateur quelconque, de gros ou de menu bétail, y rencontrera, dans un style clair et limpide, tous les renseignements qu'il ne savait où prendre, toutes les indications qu'il pourra désirer au point de vue de la construction, économiquement entendue, des meilleures dispositions à donner aux intérieurs, au point de vue aussi de l'hygiène, dont les prescriptions les plus élémentaires sont lettres closes pour tous les constructeurs, architectes savants ou simples ouvriers maîtres, c'est-à-dire pour les plus intelligents et les plus capables à l'égal des plus ignorants et des plus routiniers.

Nous avions songé à demander à l'auteur une préface, deux mots seulement à l'adresse du lecteur. En parcourant à nouveau les deux volumes dont se compose son consciencieux travail, il nous a semblé que ce n'était point nécessaire, et que la meilleure manière de dire à première vue, à quiconque ouvrira le livre un instant, ce qu'il est en son entier, c'était de donner à cette place, pour toute recommandation, la table des matières expliquée par le sommaire placé en tête des principales divisions de l'ouvrage.

Nous nous arrêtons à ce parti et nous donnons, au commencement de ce volume, la table détaillée des deux parties distinctes de l'œuvre.

E. L.

PREMIÈRE PARTIE

LES ÉCURIES. — LES ÉTABLES.

TABLE DES MATIÈRES.

LES CONDITIONS GÉNÉRALES D'ÉTABLISSEMENT.

A. — LE SUJET A VOL D'OISEAU.

B. — DES EFFETS DE L'AIR PUR ET DE L'AIR VICIÉ SUR L'ÉCONOMIE ANIMALE.

C. — L'AÉRATION.

I. — LES PORTES ET LES FENÊTRES.

II. — BARBACANES ET VENTILATEURS.

DISPOSITIONS PARTICULIÈRES AUX DIVERSES ESPÈCES.

A. — LES ÉCURIES.

I. — LES DIMENSIONS INTÉRIEURES.

II. — ENCORE LES PORTES ET LES FENÊTRES.

III. — DE L'AIRE DES ÉCURIES.

IV. — LE PLANCHER SUPÉRIEUR DES ÉCURIES.

V. ARRANGEMENT INTÉRIEUR ET AMEUBLEMENT DES ÉCURIES.

TABLE

DES FIGURES DE LA PREMIÈRE PARTIE.

a.

SECONDE PARTIE

**LES BERGERIES. — LES PORCHERIES.
LES HABITATIONS DES ANIMAUX DE LA BASSE-COUR :
CLAPIERS; OISELLERIE ET COLOMBIERS.**

TABLE DES MATIÈRES.

II. — LA CONSTRUCTION.

III. — LES PORTES ET LES FENÊTRES.

IV. — LES AMÉNAGEMENTS ESSENTIELS.

V. — LES AUGES.

V. — LA DEMEURE DU CANARD.

F. — LE COLOMBIER ET LA VOLIÈRE.

G. — LA FAISANDERIE.

TABLE

DES FIGURES DE LA SECONDE PARTIE.

GUIDE PRATIQUE

POUR LE BON AMÉNAGEMENT

DES HABITATIONS DES ANIMAUX

C — LES BERGERIES

Deux définitions pour une. — Une digression qui n'est pas un hors-
d'œuvre. — A la belle étoile. — Les exigences du climat. — L'enseignement du thermomètre. — Utilité particulière d'une bonne
habitation pour le mouton. — Les épizooties. — Le froid, le chaud
et l'humide. — L'espace, l'air, la lumière. — Les *desiderata*.

Sous l'appellation de bergerie, on désigne le local
particulier dans lequel le berger renferme ou abrite
son troupeau.

La bergerie est donc l'habitation propre aux bêtes
à laine et, si l'on veut, aux animaux de l'espèce caprine, car la chèvrerie, si l'on en établissait, différerait
peu de la bergerie. C'est ainsi que l'âne et le mulet,
si voisins du cheval par les habitudes et par les besoins, partagent sa demeure et ne sont jamais mieux

1

logés que lorsqu'ils ont la bonne fortune de devenir ses commensaux (1).

Cependant, la bergerie n'est pas toujours un lieu clos et couvert, un abri dans la plus large acception du terme, celle qu'on lui donne le plus ordinairement. Dans certaines circonstances elle n'est qu'une enceinte établie à la belle étoile, une demeure à ciel ouvert formée par des claies comme dans le parcage, ou simplement par des filets comme il arrive particulièrement pour les troupeaux transhumants. D'autres fois, elle est constituée par un enclos d'une tout autre sorte et connue en Écosse sous le nom significatif d'*abris brisevent* que je lui conserverai dans l'étude qui va suivre.

(1) Loin de se multiplier davantage, l'espèce caprine semble perdre peu à peu du terrain qu'elle a précédemment occupé dans notre économie du bétail. Cependant la statistique en compte encore un million de têtes environ, dont 530,000, plus de la moitié, occupent la région du Sud-Est. La Corse en nourrit près de 140,000, et, dans les petites montagnes du Mont-d'Or lyonnais, douze communes n'en entretiennent pas moins de 12,000 sur un territoire de 8 kilomètres carrés. En ces différents lieux donc, l'élevage ne manque pas précisément d'importance et réclamerait quelque attention au point de vue de l'habitation, du comfort.

Malheureusement il n'en est point ainsi; on les loge aussi mal que possible, dans quelque trou insuffisant, dans un coin resserré du cellier, ou seules, ou en compagnie d'autres têtes de bétail, soit encore dans une pièce de rez-de-chaussée, réservée aux poules, cohabitation peu commode et sujette à plus d'un inconvénient.

Non moins que les autres laitières, les chèvres ne donnent un abondant produit que sous la bonne influence d'un logement proprement tenu et d'une température douce, favorable aux sécrétions, à celle du lait surtout. Elles veulent notamment beaucoup de propreté, sous peine d'être mal en point, de donner moins de lait et de le fournir de moins bonne qualité.

A ces divers points de vue, la bergerie n'est plus seulement un logement plus ou moins confortable, c'est aussi le lieu quelconque où séjourne passagèrement un troupeau, le point d'élection où il campe accidentellement.

Au total l'habitation de la bête à laine varie suivant les circonstances ; elle est ce que veulent qu'elle soit le climat, les besoins de l'animal et son mode d'utilisation. Ceci n'est point un fait spécial à l'entretien du mouton, mais il ressort plus complétement, plus évidemment en ce qui le concerne, et je devais l'accentuer davantage, en passant, pour faire mieux comprendre l'importance que l'éleveur doit attacher à la tenue des habitations de ses animaux, suivant les saisons ou la constitution atmosphérique du moment.

« On s'étonne souvent en France, dit M. de la Tréhonnais, que les troupeaux anglais restent dehors toute l'année et presque sans abri. L'explication de cette coutume, qui paraît si étrange aux éleveurs du Continent, ressort de ce fait que, dans toute l'Europe centrale, le thermomètre reste au-dessous de zéro, et que la neige couvre le sol pendant plusieurs mois de l'année. En Hollande, en Belgique, en France, dans l'Italie septentrionale, la moyenne de la température d'hiver n'excède guère que de 5 degrés le point de glace, tandis qu'en Angleterre la moyenne de la température au-dessus de zéro n'est pas de moins de 11 degrés. Voilà pourquoi, en Angleterre, le bâtiment nommé bergerie n'existe point, et pour la même raison, voilà pourquoi, sur le continent, ce bâtiment est jusqu'à un certain point une nécessité. »

En beaucoup de lieux, cette nécessité est vraiment impérieuse, ainsi que je l'ai établi en commençant cet ouvrage. Que le lecteur veuille donc se reporter à la page 2 du volume qui traite des *Écuries* et des *Étables*, et il y verra à quel degré l'expérience directe a démontré, dans les contrées froides, l'utilité d'une habitation fermée, d'une véritable bergerie.

Mais qui voudrait se tenir près de la définition rigoureuse de ce mot, trouverait réellement en notre pays peu d'abris ou d'habitations dignes du nom. En effet, maints et maints logements destinés aux moutons sont, chez nous (chez nous et ailleurs aussi, car nous n'avons ni le privilége de l'ignorance, ni le monopole de l'incurie), la source de maladies d'autant plus redoutables et préjudiciables qu'elles sévissent en même temps sur des troupeaux plus nombreux, et sur des populations plus considérables. Les affections isolées sont rares chez les animaux qui vivent en troupe, et les maux qui envahissent les troupeaux se compliquent à la fois du nombre des sujets atteints à raison de la difficulté de donner à tous les soins nécessaires, à raison surtout de la gravité résultant de l'accumulation des malades dans un même lieu. Il en est de même, je me hâte de le dire, car on ne paraît pas s'en douter, de la bonne influence qu'exerce une habitation confortable et salubre sur les animaux. Elle s'étend aux masses et contribue à leur prospérité en assurant leur bien-être. Mais une mauvaise bergerie n'arrête pas, ne limite pas ses effets contraires à quelques-uns; elle agit sur tous, elle travaille en sens contraire des améliorations qu'on s'efforcerait d'obtenir par d'autres voies; elle pèse sur des populations entières et entrave, plus fortement qu'on ne le croit en général, la marche du progrès; elle atteint même la fortune publique lorsque d'un centre d'infection se propage l'une de ces maladies contagieuses et meurtrières dont la médecine n'obtient pas facilement raison.

Ce n'est pas le froid seulement qu'il s'agit d'éviter. La chaleur aussi fatigue la bête à laine, et l'humidité lui devient promptement nuisible. En ne la tenant pas assez chaudement, on perd en ce sens que l'animal n'utilise pas tout ce qu'il consomme au plus grand profit de l'élevage; dans les conditions opposées, elle souffre et devient de beaucoup plus accessible aux influences morbides ; mais l'humidité est encore son plus grand ennemi, car l'organisation du mouton, qui se défend plus ou moins ou contre le chaud ou contre le froid, ne résiste pas, cède vite, au contraire, aux effets dissolvants de l'humidité.

La bête à laine a besoin d'espace, de lumière, d'air pur, respirable, d'un emplacement bien choisi et d'une exposition convenable.

Tels sont, en effet, les termes du problème à résoudre lorsqu'il s'agit de loger un troupeau, grand ou petit. C'est malheureusement le contre-pied de la pratique usuelle, car il n'est pas rare de rencontrer, encore aujourd'hui, chez beaucoup de petits cultiva-

teurs, dans le fond le plus obscur d'une étable, et
quelle étable ! un espace privé d'air et de jour, ce qui
est tout un, fermé de claies, resserré autant que faire se
peut, sans crèches, où sont entassées, sur un fumier
d'un an, quelques chétives bêtes exclusivement nour-
ries de ce que leur fournit la pâture commune, triste
pendant à la pauvre alimentation que trouvent les
fonctions respiratoires dans le trou insuffisant et si peu
aéré qui tient lieu d'habitation. Ne serait-il pas étrange
que là fussent les conditions du succès ? Non, elles sont
ailleurs, dans un tout autre ordre de faits. Que l'éducateur opère sur une grande échelle ou sur une petite
échelle, il doit toujours procéder d'après les mêmes
errements et se conduire d'après les mêmes principes,
puisqu'il doit satisfaire les mêmes besoins et remplir
les mêmes exigences. En petit comme en grand, je
voudrais bien qu'il ne méconnût plus cette vérité zoo-
technique : c'est toujours le meilleur régime, le traitement le plus rationnel qui donnent les plus sûrs bénéfices. Ce qu'on a exclusivement attribué de ce fait
économique à la nourriture, aux actes de la digestion,
est inséparable de ce qui regarde plus particulièrement l'alimentation par le poumon, par les fonctions
respiratoires.

En quelque lieu donc qu'on établisse une bergerie, il
faut que ses habitants y trouvent un espace en rapport
avec la taille de la race, une atmosphère tempérée,
un air sec et constamment renouvelé. J'insiste à dessein, car il est des choses qu'on ne saurait trop dire et
répéter.

Les besoins de la bête à laine, son mode d'utilisation, les circonstances du climat font qu'on la tient ou constamment à l'air libre, ou plus ou moins abritée, ou plus ou moins renfermée dans des constructions closes et couvertes. Il y a dès lors nécessité de traiter de l'un et de l'autre moyen de la retenir et de la loger. Je commence par le premier, bien qu'il soit et doive être le moins usité en notre pays.

A — DE L'HABITATION EN PLEIN AIR

Un double intérêt. — Le parcage.

Je n'ai point à discuter ici de l'opportunité de l'habitation en plein air, question étrangère à mon sujet. Étant donnée ou admise cette opportunité, je recherche et j'établis les moyens les plus simples d'y répondre dans le double intérêt de l'animal qu'elle concerne et du spéculateur qui l'entretient.

L'habitation d'un animal en plein air prend le nom de parcage.

Le parcage est le séjour dans une enceinte découverte, dans un parc : et il y a des parcs temporaires, dans les champs ; des parcs fixes, qui ne sont autres que des lieux de refuge pour la nuit ou contre les gros temps ; puis encore des parcs fixes attenants aux bâtiments de la ferme, qu'on installe le plus ordinairement dans une cour et que, à cause de cela, on a nommés domestiques.

Le parcage des champs, moyen de fumer énergiquement la terre, est essentiellement mobile, change souvent de place et ne renferme le troupeau que pendant la nuit ; le parcage domestique est un moyen terme entre la vie toujours errante et la stabulation permanente, absolue.

1. — LE PARC DES CHAMPS.

Pourquoi le parc des champs? — Les claies. — Les crosses. — La
cabane du berger. — La niche à *Fidèle*. — Les claies lorraines.
— Monseigneur le loup. — Les filets en corde. — Les coups de
parc. — Le double parc et la manière de s'en servir. — Soir et
matin. — Les délicats et les rustiques. — Les femelles en gésine
et leurs petits. — Hangars et boxes.—Le parc-abri de M. Duchon.

On forme le plus ordinairement le parc des champs
de palissades légères appelées claies, et destinées à la
fois à maintenir un troupeau sur une surface déterminée de terrain, qu'ils engraissent de leur suint et de
leurs déjections, et à les protéger contre les attaques
des loups et des chiens errants, contre tous les dangers analogues auxquels le mouton, animal sans défense, reste exposé pendant la nuit.

Un parc complet comprend : 1° Ses *claies ;* 2° les
crosses ou les piquets nécessaires pour les maintenir
dans la position verticale; 3° la cabane roulante qui
sert à abriter le berger, et la petite cabane du chien
de garde ; l'une et l'autre se placent en dehors de l'enceinte.

1° Les claies s'établissent, se confectionnent plutôt,
de diverses manières et avec diverses sortes de matériaux. Dans tous les cas, cependant, elles doivent réunir
quatre conditions indispensables, savoir : la légèreté,
la solidité, la durabilité, le bon marché.

1.

Dans quelques contrées, on les façonne par l'entre-
lacement facile des baguettes souples du coudrier ou
de tout autre bois non épineux, sur un châssis formé
de montants verticaux, en bois également, et parallè-
lement disposés à 0ᵐ,20 ou 0ᵐ,25 les uns des autres,
comme on le voit dans la figure 1. On y ménage, pour
placer la tête des crosses, de petits jours appelés
voies, V, V, V.

Cette sorte de claies n'a pas toute la légèreté voulue. Cependant leur poids, un peu plus élevé que ne

$2^{\cdot}.66$

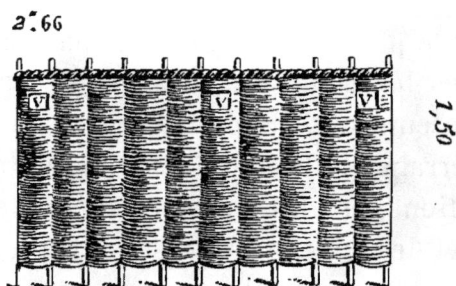

$1,50$

Fig. 1. — Claie en vannerie.

l'exige une manœuvre facile, est compensé par de certains avantages fort appréciables, celui, entre autres,
de séparer complétement les bêtes parquées de la
rase campagne et de leur assurer ainsi, tout en les
abritant mieux contre le vent, plus de véritable tranquillité que ne peut leur en donner une barrière à
claire voie.

En d'autres localités, on fabrique économiquement
les claies en clouant transversalement des voliges sur
des montants.

Dans le centre de la France, elles sont encore différentes; elles consistent très-généralement en une série de petites barres, plates ou rondes, en cœur de
chêne ou de châtaignier, fendues au centre, et passées
verticalement dans des traverses horizontales en chêne
qui sont elles-mêmes assemblées à mortaises, à leurs
extrémités et au milieu de leur longueur, dans des
montants verticaux aplatis.

Mais les claies les plus avantageuses, au double point
de vue et de la légèreté et du bon marché, sont incon-

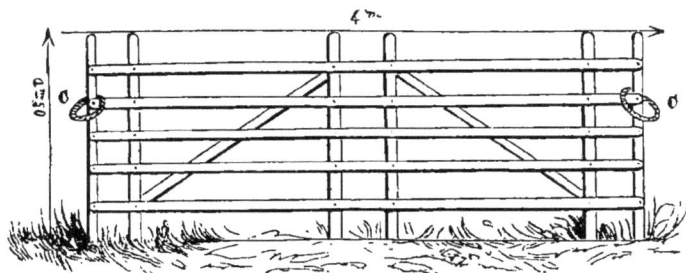

Fig. 2. — Claie en lattes, usitée en Lorraine.

testablement celles dont on fait usage en Lorraine.
Elles sont établies avec des lattes de sapin en tout pareilles à celles qui servent à soutenir les tuiles des toi-
tures, et qui, fabriquées dans les scieries de la montagne, présentent une longueur de 4 mètres sur $0^m,07$
de largeur et $0^m,03$ d'épaisseur, et ne coûtent que 25 centimes la pièce. La claie que représente la figure 2,
d'une surface totale de 6 mètres carrés, ne coûte,
toute construite, que 2 fr. 10 cent. environ, et peut
durer de huit à dix ans quand elle est mise à l'abri hors

la saison du parcage, en hiver, et lorsqu'on a le soin de goudronner, de peindre au coaltar, au printemps, la partie inférieure des lattes verticales, la seule qui porte à terre et pour laquelle on ait à prévenir une destruction anticipée.

2° Il y a deux manières d'assujettir les claies pour les maintenir dans la position verticale.

La première consiste à enfoncer en terre de forts piquets dans lesquels on passe les colliers d'osier C, C, fig. 2; c'est la méthode lorraine, qui dispense des doubles montants, mais qui n'offre que peu de garanties de solidité, et qui impose au berger un travail très-pénible au moment de changer le parc, pour peu que la terre durcie résiste.

Chacun des piquets employés à la confection des claies doit avoir été préalablement passé au feu et durci lui-même; on le munit, à sa partie supérieure, ou libre, d'un anneau ou frette qui l'empêche de se fendre sous les coups du maillet au moyen desquels on l'enfonce en terre.

La seconde manière, de beaucoup préférable sous tous les rapports, consiste dans l'emploi des crosses (*fig.* 3), usitées dans tout le Centre, et dont la solidité ne laisse rien à désirer. Elles sont faites d'un morceau de bois de chêne de $1^m,50$ de longueur, traversé à l'une de ses extrémités par deux chevilles parallèles, et recourbé à l'autre bout de manière à porter à plat sur le sol. La partie recourbée, la patte, est percée d'un trou dans lequel on passe une longue cheville pointue, appelée *clef*, que l'on enfonce aisément et

solidement en terre à l'aide d'un maillet. Les deux
chevilles transversales de l'autre extrémité de la crosse
sont engagées, ainsi que le montre la figure 4, entre les

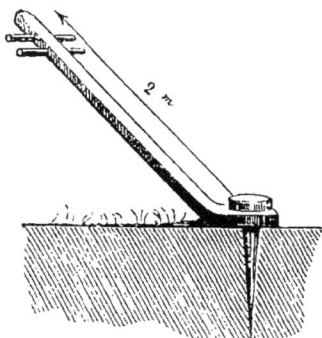

Fig. 3. — Crosse pour maintenir debout les claies de parc à moutons.

doubles montants des claies, ou dans les *voies* des claies
en vannerie, de manière à les mettre en état de résister

Fig. 4. — Manière de dresser le parc.

à toutes les pressions d'où qu'elles viennent, de l'extérieur ou de l'intérieur.

Or, ceci est capital et fait la sécurité du propriétaire. On connaît, en effet, la tactique des vieux loups
en quête d'une bonne proie, lorsqu'ils ont avisé un parc

occupé. Elle consiste à créer une panique parmi les bêtes, en se montrant brusquement au côté opposé à celui où est la cabane du berger. Les moutons alors se jettent tous à la fois sur un autre point, le même point, et renversent facilement les claies mal affermies. On devine le reste. Les loups empoignent quelques bêtes, les emportent toujours et ne les rapportent jamais.

« Depuis quelques années, dit M. F. de Guaita, on emploie beaucoup en Angleterre, et surtout en Écosse,

Fig. 5. — Filets pour parc à moutons.

des filets à la place de claies pour renfermer les moutons sur les champs de turneps qu'ils doivent consommer; ces filets rendraient de bons services en France, s'il était possible de les y obtenir à bas prix. Le défaut le plus sérieux que nous trouvions à ce mode de clôture, c'est qu'il entraîne nécessairement l'emploi de piquets (*fig.* 5).

Au point de vue des loups, toutefois, cet inconvénient est beaucoup moindre avec des filets qu'avec des claies en bois, car ces animaux se risquent rarement auprès d'un filet tendu, dans lequel ils craignent de trouver un piége. Pour la même raison, il n'est pas nécessaire que les filets aient une hauteur aussi considérable que celle que nous avons indiquée pour les claies ; jamais un loup, quelque affamé qu'il soit, n'osera sauter dans un parc entouré de cette manière.

« Cependant, et quel que soit le cas que les auteurs anglais semblent faire des filets comme clôture, il ne faut pas trop s'exagérer les avantages que l'on pourrait en retirer. Plus coûteux que les claies en bois, du moins que celles dont nous venons de parler, ils ne nous semblent pas être plus faciles à établir sur le terrain ; ils sont moins solides et surtout moins durables. Pour peu qu'on les rentre un peu humides à l'époque où l'on cesse de parquer, ils sont sujets à pourrir pendant l'hiver, malgré le goudron dont on les enduit. Le goudron, d'ailleurs, ne détruit pas la propriété hygrométrique des cordelettes dont ils sont composés, en sorte que, tendus à midi, par exemple, par un beau soleil, ils se contractent pendant la nuit au point quelquefois de se rompre ; tendus au contraire le matin à la rosée, ils se relâchent pendant la journée au point de glisser au bas des piquets. Ajoutons qu'en France le chanvre est plus cher, et le bois meilleur marché qu'en Angleterre, et que, du côté de l'économie, nous ne trouverions pas les mêmes avantages que nos voisins à substituer les filets aux claies. »

L'emploi des filets à l'établissement des parcs en Angleterre, n'est, à ce que je crois, qu'un emprunt fait aux bergers auxquels, en Espagne et en Italie par

exemple, on confie les troupeaux transhumants. Ceux-
ci, on le sait, sont enfermés chaque nuit dans une enceinte de filets, qui se fait et défait avec une grande
célérité. Les filets sont soigneusement repliés, chaque
matin, pour servir de nouveau, le soir venu, au point
où devra camper la caravane. C'est un mulet qui, d'ordinaire, porte ce bagage.

Il n'est pas douteux que ceux qui, dans notre pays,
voudraient substituer ce moyen aux claies, n'aient par-
dessus tout le désir d'en prolonger autant que possible la durée. Ils devraient pour cela imiter M. Simon,
un cultivateur de l'Aisne, qui se sert de filets en corde
pour la récolte des foins et qui les conserve longtemps
par ce procédé, fort simple en soi: tremper les filets,
une fois, dans une lessive d'écorce de chêne.

3° La cabane du berger, qui complète l'équipage du
parc, est d'une extrême simplicité. Comme elle doit
être fort légère afin que le berger puisse la déranger
sans peine, sans le secours de personne, au moment
de changer le parc, elle est toujours construite en sapin, et n'a que 1 mètre de large sur 2 mètres de longueur environ. Elle est montée ordinairement sur deux
roues, quoique Daubenton ait conseillé de lui en donner quatre afin d'augmenter sa stabilité.

Le berger la fixe (*fig.* 6), dans la position horizontale
en plaçant sous son timon T une branche bifurquée B,
et en calant les roues C, C. Il est bon de recouvrir la
cabane en zinc, tant pour augmenter sa durée que
pour la rendre plus impénétrable aux pluies. Non-seulement elle devient la demeure du berger, mais elle

lui est fort utile aussi pour renfermer les divers objets

Fig. 6. — Cabane du berger.

dont il peut avoir besoin, lit, table, médicaments, quelques outils, voire le fusil qui pourrait lui servir contre

Fig. 7. — Cabane de berger (Daubenton). Fig. 8. — La loge du chien, au parc.

les loups. Elle n'a d'autre entrée qu'une petite porte P,
pratiquée dans sa face antérieure.

La cabane décrite par Daubenton (*fig.* 7) était un

peu plus spacieuse (2 mètres sur $1^m,17$), couverte en
paille ou en bardeau, ouverte sur l'un de ses côtés,
portée sur quatre roues et munie de très-petits brancards
pourvus de crochets d'attache pour les traits. Daubenton, si facile quant aux bêtes à laine pour lesquelles
il ne redoutait point les frimas, voulait cependant
pour les chiens de berger un logement quelque peu
confortable, et je l'approuve, qui les défendît efficacement contre l'intempérie. Il ajoutait donc à la cabane
du berger une petite loge à l'usage de son chien. Mais
celle-ci ne comporte pas de description spéciale et le
lecteur en saura assez, en ce qui la concerne, lorsqu'il
aura donné un coup d'œil à la figure 8 (page 17).

Comme il est rarement avantageux de laisser les
moutons au parc pendant toute une nuit sur le même
point, on donne habituellement deux et souvent trois
coups de parc entre le soir et le matin. Aussi, afin d'é-
viter au berger d'avoir à *relever* son parc dans l'obscurité, ce qui l'expose quelquefois à voir ses bêtes prendre
peur et s'enfuir, et ce qui donne d'ailleurs trop beau
jeu aux loups dans les pays où il y en a, lui donne-t-on
habituellement un parc doublé qu'il dresse en la manière indiquée par la figure 9 : sa cabane est placée
sur un des côtés du parc, et l'un de ses chiens va prendre position dans la petite loge installée, en face, au
côté opposé.

A l'heure de la nuit où les animaux doivent changer
de place, il suffit au berger de déranger l'une des
claies formant la séparation intérieure, et de faire passer le troupeau dans la seconde enceinte, puis de re-

mettre la claie dans sa position première. Ainsi sim-
plifiée, l'opération ne demande que quelques minutes et
ne fatigue ni les chiens, ni les moutons, ni leur gardien.

Au matin, et tandis que la rosée est encore trop
abondante pour que le troupeau puisse être mené sans
inconvénient au pâturage, le berger met les bêtes sous
la garde des chiens et change le parc de manière à le
trouver prêt, le soir, à la rentrée.

Les dimensions à donner au parc varient en raison
de la taille des animaux composant le troupeau. Adop-

Fig. 9. — Parc dressé en double.

tant une taille moyenne, on mesure l'espace pour chaque bête à raison de 1 mètre carré. Plus serrés, il y
aurait gêne pour tous ; or le proverbe dit vrai : où il y
a de la gêne, il n'y a pas de... profit. Plus au large, au
contraire, les animaux tendent à se rapprocher outre
mesure les uns des autres, surtout par les nuits un peu
fraîches, et la fumure n'est pas également répartie. Il
faut donc éviter avec soin l'un et l'autre excès et se
rappeler l'adage latin : *in medio virtus.*

Voilà le parc des champs, campement temporaire
et de circonstance dans les pays où les bêtes à laine

ont une habitation appropriée et reviennent habituellement à la bergerie. Cette dernière reste toujours à la
disposition du berger, et celui-ci y renvoie les animaux
malades ou souffreteux qui ne pourraient supporter le
parc par une constitution atmosphérique exceptionnelle. Il n'en est plus ainsi dans les contrées où l'on
ne construit pas des logements spéciaux à l'usage des
bêtes à laine. La nécessité oblige alors d'établir des
abris quelconques contre les gros temps ou en faveur
des mères, pour l'époque où elles mettent bas. Dans
ces contrées, les races ovines acquièrent forcément
plus de résistance et se montrent plus rustiques que
dans les pays où on les tient à la bergerie ; mais le plus
haut degré de rusticité ne suffit pourtant pas à les protéger autant qu'il le faudrait contre les vicissitudes de
l'air. Ainsi les races anglaises, qui prospèrent sous le
climat de l'Angleterre, ne réussissent pas autant en
France si on les y tient à ciel ouvert, tandis qu'elles se
trouvent à merveille d'une habitation appropriée.

Quoi qu'il en soit, même en Angleterre, il a fallu
mettre à la disposition des bergers des hangars, sous
lesquels on établit des compartiments, ou même des
boxes pour les malades, pour les femelles en gésine et
leurs nouveau-nés (1). Les animaux y sont mieux que

(1) Voici à ce sujet l'opinion d'un éducateur anglais fort expérimenté, M. H. Woods : « On ne se met pas assez en peine pour
assurer le salut des agneaux qui vont naître..... Le temps est souvent très-mauvais à l'époque de l'agnelage, et les petits ne trouvent
pas grande protection. Une vingtaine de boxes ne suffisent pas, et
j'ai vu beaucoup d'agneaux succomber sous l'inclémence atmosphérique. Il y a la plus grande importance à préparer un enclos abrité

sur les champs; ils seraient mieux encore dans un local plus complétement fermé, mais on n'y songe point, et les choses, ainsi menées, ne paraissent pas, sous le climat peu rigoureux de l'île, donner lieu à plus de sinistres que de raison. On observe donc en Angleterre les deux extrêmes : le cheval de course, sorti d'une race très-rustique qu'on enferme dans des écuries à la température très-élevée, et le mouton, bête délicate et peu résistante, qu'on abandonne toute l'année aux influences plus ou moins favorables ou contraires de l'air extérieur.

Les choses se modifient ou se perfectionnent sans cesse. Au moment où je corrige l'épreuve de cette première feuille, le *Journal d'agriculture pratique* m'apporte la description d'un premier essai de parc-abri employé en France, dans l'Eure-et-Loir, par M. Duchon. C'est le parc à moutons ordinaire, surmonté d'une couverture, c'est un parc par le bas et une tente par le haut.

Cette innovation a déjà reçu des encouragements;

pour les brebis, un enclos pourvu de séparations nombreuses. Je ne dis pas qu'il faille confiner les brebis dans ces enclos quand la nuit est belle et tempérée, mais je recommande de les y enfermer en cas de temps défavorable. Je suis certain, et ma propre expérience me le prouve, que la petite dépense qu'occasionne cet aménagement est bien vite remboursée par les agneaux auxquels on sauve la vie. » Et M. H. Woods ajoute que la construction d'un enclos dans lequel on établit 60 boxes bien couvertes, ne revient pas à plus de 280 fr. En en prenant quelque soin après l'agnelage, il peut durer plusieurs années; et, pour le remonter en un point quelconque de la ferme, il n'en coûte pas plus de 75 francs. Il faut dire que M. Woods élève des animaux d'élite et vise à fournir des reproducteurs aux autres.

les jurys des concours agricoles d'Alençon et de Chartres l'ont recommandé en lui appliquant des médailles
d'argent. M. Duchon, son initiateur, l'a construit pour
un troupeau de 350 têtes. « Il a fonctionné chez moi,
dit-il, sans que le moindre dérangement soit survenu
dans le mécanisme ; il est appelé à rendre de très-
grands services aux cultivateurs de la Beauce, où les
ombrages font défaut, ce qui est une des causes proba-
bles de la maladie du sang de rate qui décime nos
troupeaux.

« Il m'est possible, dès le mois d'avril, tout en
faisant manger le seigle en vert à mes moutons, plus
tard le trèfle incarnat, de parquer assez loin de la ferme
sans être obligé de rentrer à la bergerie, ce qui occasionne sur les chemins une perte considérable d'engrais, sans compter la laine qui peut être dépréciée par
une pluie d'orage et la fatigue du troupeau, souvent
forcé dans sa marche dès qu'apparaît quelque nuage.
Plus tard, lorsque les animaux sont tondus, il les pré-
serve des rayons ardents du soleil ; vienne le mois d'oc-
tobre, il procure encore un abri contre les nuits froides
et souvent humides de cette saison. Mon berger, âgé de
plus de 60 ans, le fait facilement fonctionner seul,
dans un champ en guéret, qui, l'année dernière, a été
profondément défoncé. Les moutons se plaisent sous
la cabane, contrairement à ce qu'on pensait.

« Elle est montée sur quatre roues à larges jantes, placée au milieu du parc, et en forme le point d'appui, tout
le système reposant dessus. Cette cabane est traversée
par un mât vertical, haut de 5^m,33. Il est garni à sa

base d'un plateau en fonte, dans lequel il peut tourner, et, jusqu'à environ 1 mètre de hauteur, d'une crémaillère formant cric; sur le côté, entre les deux roues, sont placés deux engrenages, un petit commandant un grand, auquel se trouve un arbre de couche garni d'un autre petit engrenage attaquant la crémaillère du mât pour le faire monter ou descendre, de même qu'en s'en servant en sens contraire, on peut, le mât reposant à terre, faire monter la cabane et la faire tourner quand il faut changer de direction.

« A l'avant de la cabane est placé un treuil sur lequel s'enroule un câble attaché à une ancre fixée en terre; en avant du parc, ce treuil est mû par deux engrenages.

« La charpente est composée de huit pièces principales en bois, formant arcs-boutants à l'encontre du mât à une hauteur de 2 mètres, et de seize tringles en fer, huit fixées au haut du mât et venant supporter les pièces à leur extrémité, et huit autres plus courtes s'accrochant au milieu. D'autres pièces de bois relient ces dernières pour former le carré; ces arcs-boutants supportent les claies qui sont en fer et se reploient les unes sur les autres au moyen de charnières, selon qu'on doit agrandir ou diminuer le parc; pour cela, les supports des claies sont pourvus de galets pour opérer le glissement de chaque face de claies sur les arcs-boutants. Une toile imperméable couvre le tout et repose, sous les tringles de fer, sur une charpente de corde passant sur des poulies fixées au haut du mât et venant s'enrouler sur un petit treuil placé dans l'intérieur de la cabane et tendue aussi roide que besoin en est ; par ce moyen on peut, en cas de foudre, abaisser la toile horizontalement sur les pièces arcs-boutants.

« Mon parc-abri a fonctionné jusqu'à la fin du mois de septembre dernier, et il a parfaitement résisté aux bourrasques et aux tempêtes. »

Pour mon compte, et au point de vue où je me place en faisant ce livre, je ne puis que donner une pleine approbation au parc-abri de l'intelligent et soigneux cultivateur d'Eure-et-Loir.

2. — LE PARC DOMESTIQUE.

**Définition et destination. — Un peu de confortable n'est jamais
perdu. — Un établissement complet.**

L'assiette du parc domestique n'est pas précisément
invariable ; elle est ou dans la cour même de la ferme
ou tout près de la ferme, ainsi que l'indique et le veut
la dénomination qui lui est propre et qui le différencie
de celui dont je viens de parler. Une autre distinction
les sépare. Le but économique du parcage des champs
est de fumer le terrain sur lequel il repose : l'objet du
parcage domestique est double, puisqu'il donne le
moyen de mettre en plein air, en toute sécurité, les
troupeaux à l'époque où ils souffrent d'être enfermés
et qu'il offre l'occasion d'accumuler sur un point,
d'où il est très-facile de l'enlever, une masse de fumier
qu'on y tient en réserve pour l'employer en temps opportun, sans qu'il soit nécessaire de le manipuler à
plusieurs reprises.

Assis dans la cour ou tout à proximité, le parc domestique présente cet avantage, fort appréciable en
beaucoup de cas, que les moutons peuvent passer à
volonté de la bergerie dans le parc, qui en est alors
une dépendance, et réciproquement du parc dans la
bergerie. C'est à coup sûr le *desideratum* le plus élevé
et la condition la meilleure qu'on puisse faire à un

troupeau quant à la manière de le loger. C'est d'ailleurs un mode mixte très-favorable comme préparation au parcage des champs, comme transition entre le régime un peu fermé de la bergerie, et la vie absolument découverte en plein champ. On peut alors, pendant les quinze jours qui précèdent le parcage extérieur et complet, tenir closes les portes de la bergerie et forcer les bêtes à demeurer dehors toute la nuit. Elles s'y trouvent mieux, si la saison est bonne, que dans un local fermé où l'air est presque toujours trop chaud et chargé des vapeurs insalubres que nous connaissons déjà pour les avoir étudiées dans la première partie de cet ouvrage, mais dont nous devrons nous occuper encore afin d'insister sur l'importance du sujet.

On garnit, on meuble le parc domestique de crèches et de râteliers; on y répand de la litière, on y dispose même des claies, s'il en est besoin, pour établir des séparations nécessaires, quand le pêle-mêle peut être un inconvénient.

Ces considérations disent assez toutes les convenances du parc domestique quand on peut l'établir dans ces conditions. Malheureusement on ne dispose pas souvent d'une cour assez spacieuse ou assez indépendante pour en ajouter le luxe très-profitable au réel confort de la bergerie pendant la mauvaise saison. La nature du mouton aurait, pour ainsi parler, cette double exigence d'une demeure close et d'une habitation à l'air libre; elle ferait pendant aux besoins de ceux qui, par nécessité, plus que par ton ou par goût, se donnent une maison de ville et une maison de campagne.

Dans le parc domestique, le troupeau reste sous les yeux du maître, il a le bénéfice d'une surveillance directe. Or, on sait ce que cela vaut. Il procure aussi une certaine économie de temps dans le transport des fourrages, dans leur facile répartition, dans l'enlèvement des fumiers, etc. Le service s'en trouve simplifié et la santé des animaux y gagne plus qu'on ne pourrait croire.

Le parc domestique qui n'est point assis dans la cour même de la ferme et qu'à défaut de celle-ci on établit dans la proximité, pour en conserver tous les avantages, est clos de murs très-économiquement construits ou bien entouré de claies ou de filets; on pourrait aussi déterminer les limites de l'enceinte par une haie protectrice, défendue à l'intérieur et se rapprocher quelque peu des abris brise-vent dont il sera question ci-après, moins par la forme et l'usage, puisque la bergerie est tout près, que par la sorte, par la nature extérieure des plantations, lesquelles formeraient rideau épais, clôture suffisante et abri défensif.

Les moutons sont amenés dans ces parcs au retour du pâturage et ils y passent commodément la nuit. En les compliquant un peu, en les complétant plutôt, on arriverait vite à l'installation préconisée par Daubenton, bergerie en plein air qu'il conseillait de substituer à la véritable bergerie. Je ne vais pas aussi loin; si je recommande comme une très-bonne chose l'établissement de parcs domestiques, je ne les confonds pas avec la bergerie, tant s'en faut. Celle-ci n'est pas la meilleure de toutes les habitations pour le mouton dans le temps des chaleurs, mais ceux-là ont de très-réels inconvénients en hiver sous notre climat. Il y a utilité pour chaque mode en tant qu'on en usera opportunément. Là est le vrai, là est le bon; c'est mon dernier mot sur la chose.

3. — LES ABRIS BRISE-VENT.

Chez les Montagnards écossais. — L'ouragan. — Les abris spéciaux.
— Les précautions de l'hygiène. — Les extrêmes se touchent. —
Faites pour le mieux ; — mais faites bien. — La forme circulaire
et la forme en croix. — Le sapin de Norwége. — Nécessité fait
loi. — Ni Capoue ni ses charmes.

J'ai défini plus haut ce qu'on appelle, en Écosse, des abris brise-vent, le moment est venu de faire avec eux plus ample connaissance.

L'Écosse possède de nombreux troupeaux de bêtes ovines ; le climat y a des rigueurs inconnues à l'Angleterre et elle n'a pas dû, elle qui laisse ce bétail nuit et jour au pâturage, elle n'a pas dû, elle n'a pas pu plutôt se contenter de simples hangars comme ceux qu'on voit chez sa voisine. Elle a fait un pas de plus vers l'habitation plus complète ; elle a imaginé les abris brise-vent. C'est qu'elle avait à garantir ses troupeaux contre de violentes tempêtes qui durent parfois tout un mois et qui chassent, qui poussent, qui accumulent si bien la neige en certains points que toutes les bêtes y resteraient ensevelies.

L'abri brise-vent est le moyen de défense élevé contre l'ouragan et ses gentillesses ; c'est un enclos formé par une ceinture d'arbres placés entre deux murs con-

2.

centriques ainsi que le montre la figure 10. Les arbres, laissant des interstices entre eux, ne pourraient empêcher la neige chassée par le vent de pénétrer et de s'accumuler dans les enclos, et d'ailleurs ils ne protégeraient pas suffisamment les animaux contre l'impétuosité et la persistance du vent. Les deux rangées de murs concentriques arrêtent la neige, protégent le

Fig. 10. — Abri brise-vent circulaire.

troupeau et conservent les arbres après en avoir favorisé la croissance.

L'essence qu'on emploie pour former ces abris est dans les sols humides, le *spruce-fir*, espèce de sapin originaire de Norwége. Dans les terres légères et maigres, on plante le *pin d'Écosse ;* dans les rochers et les ravins, le *pin Laricio.* Une seule ouverture, étroite et tortueuse, comme celles d'un lieu fortifié, placée du côté de l'enclos opposé aux vents les plus violents, donne accès au troupeau et lui permet de se tenir à l'abri dans cette enceinte pendant toute la durée des ouragans.

Pour nourrir les moutons captifs dans leur refuge, on y construit, au temps de la récolte, une meule de fourrage au centre de l'enclos et on entoure cette meule, provision assurée des mauvais jours, de claies qui servent à la fois de défense contre les dilapidations, et d'appui pour une partie des râteliers nécessaires, indispensables ; les autres sont établis le long des murs, à l'intérieur, cela va de soi. Mais le foin seul ne constituerait pas, au gré du propriétaire, un ordinaire suffisamment confortable. Aussi, on creuse, à proximité de l'abri, des silos qu'on remplit de racines, lesquelles complètent l'alimentation du troupeau et lui font traverser les gros temps sans trop de souffrances. L'animal convenablement lesté supporte plus aisément l'intempérie, de même qu'une température élevée et la raréfaction de l'air respirable permettent de mesurer au bétail la nourriture d'une main plus avare. Les Écossais perdraient beaucoup d'animaux dans leurs enclos brise-vent s'ils les nourrissaient pauvrement ; nos petits cultivateurs, quand les fourrages manquent en hiver, suppléent autant que faire se peut à l'insuffisance, à la disette, en laissant les fumiers s'accumuler dans les habitations du bétail et en n'y introduisant que le moins possible d'air pur, vif, excitant. C'est le même principe qu'on applique dans les

deux cas et dont l'application confirme, une fois de
plus, ce dicton : les extrêmes se touchent. Si l'on
avait à choisir, quel mode serait le meilleur ? Question
un peu oiseuse, car l'hygiène repousse également l'un
et l'autre excès. Aux Écossais, elle recommanderait un
abri plus complet et, partant, une utilisation plus profitable des aliments ; aux autres, elle dirait avec non
moins de raison : Il faut sustenter plus largement le
bétail et le loger plus sainement pour en obtenir des
produits plus abondants et plus rémunérateurs. Quand
elle ne s'adresse qu'à l'ignorance ou à l'incurie, j'appuie de toutes mes forces les sages prescriptions de
l'hygiène, mais dans les circonstances difficiles je me
borne à demander à la pratique de faire. aussi bien
que les circonstances le permettent. Je crois néanmoins qu'en beaucoup de cas la pratique pourrait se
rapprocher davantage des bonnes recommandations
de la science et assurer à ses animaux, en tout temps,
une égalité de bien-être qui lui en rendrait la culture plus profitable. Des animaux plus heureux et
mieux doués, des éducations mieux réussies et laissant un bénéfice plus large et plus sûr, tels sont
les résultats certains d'une hygiène honorable et soi-
gneuse.

Les enclos circulaires, semblables à celui de la figure 10, ne sont pas seuls en usage. Ici comme ailleurs,
la variété multiplie le type et permet d'utiliser diversement des surfaces différentes tout en arrivant au
même but. C'est ainsi qu'on trouve avantage parfois
à substituer à la première forme des dispositions

autres et, par exemple, la forme en croix, à angles arrondis, telle qu'on la voit dans la figure 11.

C'est dans les angles rentrants que présente cette croix, à l'extérieur, que les moutons cherchent un refuge pendant la tempête. De quelque côté que souffle le vent, il y a toujours deux des quatre angles que les animaux savent bien choisir suivant l'occurrence, et où ils sont aussi complétement abrités qu'ils peuvent l'ê-

Fig. 11. — Abri brise-vent en forme de croix.

tre à ciel ouvert, contre des murs plus ou moins protégés par la présence d'arbres verts élevés.

Un abri de ce genre, couvrant une superficie de 1 hectare 50, présente quatre compartiments de 20 ares chacun, propres à abriter les moutons, mais il ne faut pas perdre de vue que, suivant la direction du vent, on ne peut jamais utiliser tous les angles en même temps et que les bêtes du troupeau ne peuvent guère s'abriter utilement que sur la moitié de la surface disponible.

Quelle que soit, au surplus, la forme adoptée, elle comporte toujours la plantation d'arbres à une distance rationnelle des murs, car il ne faut pas que la pluie puisse dégoutter des branches sur les animaux. Le *spruce-fir* est à coup sûr l'arbre le plus avantageux, tant à cause de sa forme pyramidale que parce que ses branches, descendant jusqu'à terre, offrent aux moutons une protection plus efficace que celle des arbres dont la structure est autre. Malheureusement, le sapin de Norwége ne croît pas dans tous les terrains.

Lors d'un coup de vent inattendu, il arrive souvent que l'on entasse le troupeau dans l'abri le plus proche ; si le berger pense que l'ouragan doive continuer, il profite de la première éclaircie pour distribuer les animaux dans les autres abris, car il y en a ordinairement plusieurs sur une ferme de quelque étendue. Ils tiennent lieu de bergerie et ne s'établissent pas sur tous les points où vont vivre les troupeaux, mais, par exemple, dans les montagnes éloignées de la ferme. Aussi, lorsqu'on a l'habitude des bergeries, on est tout disposé à se poser cette question : Pourquoi des abris aussi incomplets ? Ah ! pourquoi ? c'est que, loin de la ferme, il y a de bons pâturages à utiliser, des pâturages où les troupeaux ne peuvent rencontrer aucun abri et où ils auront plus ou moins à souffrir de l'intempérie. Il faut donc qu'ils soient façonnés à la dure, habitués aux injures de l'air et résistants. Or, la bergerie ne les tremperait pas au degré voulu. Les moutons de cette contrée ne sont point faits pour la vie molle et confortable d'un intérieur ; ils ne doivent point entrer à Capoue dont ils ne connaîtront jamais les délices auxquelles d'ailleurs ils n'aspirent en aucune façon.

B — DE L'HABITATION COUVERTE

Un acte d'accusation. — Un peu d'économie publique à propos d'économie rurale. — Le passé, le présent et l'avenir. — En Angleterre et en France.

Je n'ai plus à justifier l'utilité de la bergerie, puisque j'ai dit en quelles circonstances on peut la supprimer, en quelles autres il faut se résigner à la construire. La question a eu beaucoup d'importance ; elle
a été longuement examinée et débattue sous ses deux
aspects principaux, sous le rapport économique et
sous le rapport hygiénique, deux points distincts et
pourtant très-rapprochés. Je ne reviendrai pas sur le
dernier, mais j'ajouterai quelques mots à l'occasion
de l'autre.

Il est certain que le bâtiment, que l'ensemble des
constructions nécessaires à l'exploitation d'un domaine rural constitue, pour celui qui l'entreprend,
une charge extrêmement lourde. Les améliorateurs de
ce temps-ci adressent un très-gros reproche aux constructeurs qui les ont précédés ; ils disent, par exemple : Les anciens bâtiments de la ferme portent, par
leur exiguïté déplorable et leur malentente, la plus
sanglante accusation contre l'incurie et l'impardonna-
ble ignorance des siècles passés, car ces bâtiments ne
sont pas le dixième de ce qu'ils devraient être.

C'est bientôt dit. La critique est aisée. Ici elle prend du champ et stigmatise à son aise le passé sans se rendre compte qu'il n'avait ni les besoins, ni les ressources, ni le savoir de l'époque actuelle. Que n'aurait-on pas dit, il y a cent ans, de celui qui, en prévision des futures exigences, aurait bâti pour la génération qui se plaint aujourd'hui à distance ? Il en coûte beaucoup pour bâtir et ceux qui se décident à le faire, pauvres et besogneux, ne songent guère vraiment à toucher au superflu lorsqu'ils ont tant de peine à atteindre les limites du nécessaire. Nos devanciers ont-ils fait suivant leurs moyens ? Je suis tenté de le croire, bien que tout ne soit pas pour le mieux dans ce qu'ils nous ont transmis ; mais que cela soit ou non, je ne me sens pas le courage de les blâmer pour n'avoir pas su prévoir tous les besoins d'une agriculture avancée. A chaque époque les siens ; à chacun son œuvre, et puisque nous nous montrons si sévères pour nos prédécesseurs, tâchons de faire si bien que nos successeurs n'aient pas les mêmes reproches à nous adresser à nous-mêmes.

A l'ère toute de progrès, de rénovation ou de transformation agricole à laquelle nous appartenons, il est certain que le premier besoin est de loger convenablement les animaux sans lesquels aucune amélioration n'est possible. Or, ils ne seraient pas convenablement logés, si l'on n'avait pensé avec une égale sollicitude à la nécessité de caser, de serrer tous les fourrages qui devront leur être présentés à la crèche et au râtelier. Cette exigence, propre à notre climat, nous impose

3

des sacrifices considérables en constructions de toutes sortes, étables et fenils, sacrifices qu'a pu éviter en très-grande partie l'Angleterre, grâce à son climat, à ses pâturages, à la sécurité que lui donnent la destruction complète du loup et la sévérité exceptionnelle de la législation concernant messieurs les voleurs. Le résultat économique de ce fait est gros de conséquences. Effectivement, les fonds appliqués outre-Manche au drainage, au chaulage, à la fertilisation du sol arable, c'est-à-dire à des améliorations productives et durables, le sont en France à accumuler les uns sur les autres des matériaux improductifs par eux-mêmes, et qui exigeront encore par la suite des frais d'entretien. Aussi voit-on parfois, chez des propriétaires mieux intentionnés qu'ils ne se montrent habiles ou judicieux, de vastes et magnifiques constructions surgir du milieu de landes ou de terres restées stériles. C'était là sans doute la première pierre de l'édifice agricole à construire, mais cette première pierre eût dû être posée plus modestement et à moindres frais : elle n'eût pas alors absorbé la meilleure partie des ressources disponibles et l'amélioration du sol, source de la prospérité à venir, ne se fût pas trouvée enrayée dès le début.

Les avances faites à ce dernier sont toujours productives lorsqu'elles sont rationnelles, bien entendues, judicieusement appliquées, et le produit qu'on en tire est généralement en rapport avec leur importance même. Il n'en est plus ainsi des dépenses de construction qu'il faut strictement restreindre à la

somme la moins élevée afin de ne rien laisser au hasard, de ne rien accorder à un luxe inutile, ou à des
fantaisies onéreuses, sans rien refuser aux besoins des
animaux et aux diverses convenances du service.

Cela posé comme règle générale et invariable, j'arrive aux détails.

1. — CONDITIONS PARTICULIÈRES A L'ÉTABLISSEMENT DES BERGERIES.

L'orientation. — Accessoire et principal. — Va-et-vient; — utile et agréable. — L'aire de la bergerie. — Et dedans et dehors. — Une installation modèle. — *Est modus in rebus.* — Les habitudes du rez-de-chaussée. — Le plafond supérieur. — Économie mal placée.

La meilleure orientation pour une bergerie est du nord au midi, dans le sens de la longueur du bâtiment qui présente alors une face à l'ouest et une à l'est. La perfection consisterait en l'adjonction d'un parc abrité du nord par un mur, et diversement partagé de façon à ce que chacune de ses divisions communique avec la division correspondante de la bergerie.

On comprend surtout l'utilité de ce parc dans le système de la stabulation permanente. En effet, on y place les bêtes de temps à autre, spécialement aux heures de l'affouragement qui en devient plus facile et plus régulier, puis chaque fois que la température s'élève trop à l'intérieur, et enfin, ainsi qu'il a été dit plus haut, lorsqu'il s'agit de préparer le troupeau au séjour en plein air pour toute la durée du parcage des champs. Mais, en dehors de cette dernière circonstance, les petits déplacements journaliers d'un troupeau tenu en stabulation absolue lui sont extrêmement favorables et facilitent à tous égards un renouvellement plus large, plus complet de l'atmosphère plus ou moins emprisonnée de l'habitation.

Le sol, l'aire de la bergerie, cela va de soi, sera plus élevé que les terrains environnants de $0^m,30$ au moins, on demande qu'il soit imperméable. Pour atteindre sûrement ce but et pour remplir tout au long cette exigence, on veut le faire couvrir d'une couche d'asphalte, de béton, etc. Pour moi, je ne vais pas tout à fait jusque-là, à moins de nécessité impérieuse, car il faut bien admettre les cas de force majeure, ceux où une dépense même considérable doit être considérée comme une économie. Mais dans les conditions ordinaires, je condamne tout ce qui est superflu, tout, jusqu'à la plus petite somme inutilement ou mal employée, sacrifiée plutôt. Je me tiens donc pour satisfait si le sol et le sous-sol sont naturellement secs, ou s'ils ont été assainis par des travaux souterrains et extérieurs, par un drainage efficace et le creusement de fossés qui assurent l'égouttement complet des eaux, l'éloignement de toute cause d'humidité même accidentelle. La pratique intelligente sait se conformer à ces bonnes et sages recommandations de l'hygiène et l'on trouve éparses çà et là, trop rares à mon gré, car la prospérité des troupeaux en serait plus assurée et plus générale, si elles se multipliaient davantage, des bergeries qui, sous ce rapport, ne laissent rien à désirer. De ce nombre est celle qui a été construite à la Charmoise par Malingié Nouel, et elle peut être offerte comme un modèle du genre ; je n'y manquerai pas ; donc la voici dans celles des dispositions spéciales qui concernent ce paragraphe et dont l'inspection de la figure 12 donnera une idée très-nette au lecteur.

Orientée, comme je l'ai demandé, du nord au sud, elle est assise sur un terrain *dressé ad hoc* et présentant une légère pente s'éloignant du bâtiment. Le pourtour est empierré sur une superficie mesurant 5 mètres de largeur, qui se déprime ensuite, de ma-

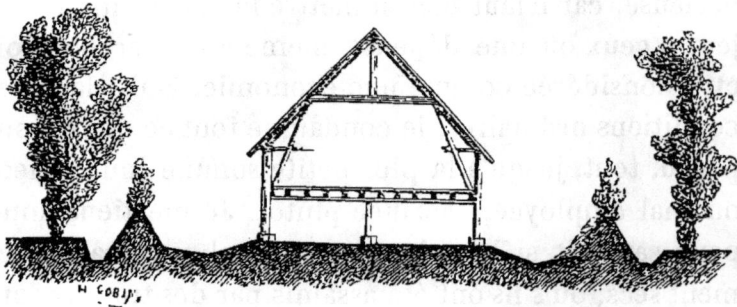

Fig. 12. — Les entours de la bergerie de la Charmoise.

nière à former une fosse à bords fortement adoucis de 7 mètres de largeur sur $0^m,66$ de profondeur. Cette fosse, qui longe de droite et de gauche le bâtiment suivant sa longueur, est tout simplement la fosse à fumier, fermée extérieurement par un talus de $1^m,30$ à $1^m,40$ de hauteur. Ce talus résulte lui-même des terres d'un fossé de $1^m,60$ d'ouverture déterminant l'enceinte, et sur le bord extérieur duquel de grands arbres à feuilles persistantes sont plantés. Le talus du fossé, séparatif de la fosse à fumier, est planté, lui aussi, d'une haie de robiniers qui ombrage le fumier pendant les chaleurs et concourt à lui procurer un abri en même temps qu'il jette un peu d'ombre et une fraîcheur relative sur la cour intérieure et ses habitants. Entre la haie et le fumier existe une légère palissade qui empêche les animaux, au moment où ils sont dans l'enceinte, de ronger l'écorce des arbres et arbustes, et de détruire la haie. Bien que ces dispositions forment clôture, elles ne s'opposent en rien au libre accès des hommes, des animaux, des voitures ; elles réunissent donc toutes les conditions qui peuvent rendre le service facile autour des bâtiments. Le lecteur reconnaîtra à cette description celle que j'ai précédemment donnée du parc domestique.

Les divers modes de construction des bergeries peuvent se rapporter à ces trois types : simples abris sous hangars, fermés par des claies ; bergeries closes et sous toit ; bergeries fermées et sous plafond.

Le premier ne s'applique guère qu'à la spéculation d'engraissement d'été. Il constitue une habitation temporaire, toute de circonstance en quelque sorte, et restitue, hors saison, l'emplacement, c'est-à-dire le hangar, à sa destination habituelle.

Le second présente des avantages précieux, à la condition pourtant d'admettre, au-dessus de la partie du local réservé aux agneaux, un plancher qui permette de les tenir plus chaudement que le reste du troupeau. Il en résulte une manière de bergerie dans la bergerie, une division spécialisée à l'usage des jeunes qui ont, on le sait, des exigences particulières. Les adultes, au contraire, s'accommodent mieux de l'absence du plafond. Ils font une si grande consommation d'air que les meilleures dispositions adoptées pour la ventilation n'équivalent pas toujours aux facilités de l'aérage dans un intérieur établi sous toit et sous plafond. On rencontre alors une grande simplification. En effet, les bergeries qui ne comportent pas d'étage n'ont besoin ni de ventilateurs, ni de fenêtres aussi multipliées.

Le troisième type est pour le moins aussi usité que le second. On aime à surmonter l'habitation des animaux de greniers qu'on utilise diversement sans les disposer souvent aussi utilement qu'il le faudrait. Dans ce cas, on a bien des précautions à prendre dans le seul intérêt des habitants du rez-de-chaussée, mais je n'ai pas à y revenir pour l'instant, puisqu'elles ont été indiquées avec tous les développements nécessaires aux chapitres des écuries et des étables propres aux animaux de l'espèce bovine. J'ajoute cependant qu'elles ne sont point à négliger ici, et je recommande de les observer avec soin. Les conseillers ne sont pas les payeurs, dit judicieusement un dicton vulgaire. Aussi j'entends des réclamations, des objections qui me touchent, et je vais droit à elles. Beaucoup sont forcément arrêtés par la crainte de la dépense, je le sais, mais je sais aussi que nombre d'éducateurs, qui ne se privent pas de greniers, se refusent à construire d'une manière convenable leur plancher faute de pouvoir le faire économiquement. Mes demandes, à moi, ne doivent

pas être repoussées sans examen, parce que je ne sollicite jamais un luxe inutile. Je suis de moins facile com-
position sur le nécessaire, et, en général, je donne ou
mieux j'indique le moyen de se le procurer. Que le
lecteur ait donc l'obligeance de se reporter à certain
post-scriptum, commençant à la page 175 du premier
volume de cet ouvrage auquel je suis bien forcé de
renvoyer pour éviter de me répéter ; il y trouvera la
description succincte d'un procédé de construction de
plancher supérieur à la portée de toutes les bourses
et fort convenable en l'espèce.

Il ne faut pas oublier que la bergerie doit mesurer
sous plafond entre 4 et 5 mètres. On est généralement
trop ménager de l'espace dans le sens de la hauteur
après avoir été extrêmement avare à l'occasion de la
superficie. Voilà des économies bien mal entendues et
que je ne conseillerai jamais. Ceux qui les font de leur
autorité privée les payent cher, très-cher. Qu'ils y
pensent et qu'ils se le disent.

3.

2. — LES PORTES ET LES FENÊTRES.

Dispositions spéciales. — Les portes extérieures et les portes intérieures. — Les mauvaises habitudes. — Les *impedimenta*. — Les
caisses à piétin. — Les mouvements de l'atmosphère intérieure.
— La persienne perfectionnée.

En dehors des conditions précédemment indiquées
pour l'établissement rationnel des portes et fenêtres, il
y a des dispositions spéciales à la bergerie.

Les portes sont de deux sortes puisqu'il en est
d'extérieures et d'intérieures. Les premières doivent
toujours s'ouvrir en dehors. Les plus commodes et les
moins dangereuses sont suspendues sur galets. J'en ai
déjà parlé ; elles n'ont aucun des inconvénients de
celles qui roulent sur les gonds. Quand on leur donne
plus de 1 mètre de largeur, on les construit d'ordinaire à deux vantaux. Volontiers on les fait à claire-
voie jusqu'à mi-hauteur, ou bien on les coupe, on les
brise de façon à pouvoir tenir le haut ouvert tandis que
le bas reste fermé : 1^m,70 constitue une largeur
plus convenable que commune. On fait plus étroit, je
passe ; mais trop étroit est mauvais et devient souvent
cause d'accidents. On tente surtout un arrangement
qui aurait pour effet d'habituer les bêtes à sortir pai-

siblement, sans se presser, militairement en quelque sorte, deux de front ; alors on rétrécit le bas de l'ouverture, ou bien on forme, au dehors, un passage moins large que la porte, flanqué à droite et à gauche d'une rampe qui n'offre pas, soit à la montée, soit à la descente, toutes sortes de facilités ou d'agréments.

Ces moyens ne sont pas d'une efficacité complète et le mal auquel ils ont eu l'excellente intention de s'opposer n'est pas toujours évité, loin de là. J'en sais un plus sûr, c'est de faire qu'à la bergerie les bêtes ne soient pas suffoquées par la chaleur et la privation d'air pur. N'ont autant hâte de sortir et ne se bousculent pour arriver dehors, pour respirer librement, que les animaux trop étroitement confinés dans des espaces trop chauds et mal aérés.

Dans les bergeries d'une certaine importance, l'enlèvement des fumiers nécessite l'emploi de véhicules qu'il est commode d'introduire dans le local même. On comprend qu'alors il soit bon d'avoir deux portes en face l'une de l'autre et de dimensions judicieusement calculées sur les besoins.

Dans les contrées où règne fréquemment le piétin, on dispose en avant des portes (*fig.* 13), des caisses en planches de chêne, parfaitement jointes, de 2 mètres de longueur, de la largeur des portes et de 0^m,10 de profondeur, garnies sur les côtés d'autres planches ou de barrières quelconques formant couloir. Cet appareil, destiné à recevoir un médicament, soit un lait de chaux, soit une dissolution de sulfate de cuivre dans l'eau, est fréquenté par les animaux à la sortie de la bergerie et à leur rentrée des champs. Ils s'y baignent les pieds au passage et se traitent eux-mêmes avec efficacité tant que le mal est en instance, avant qu'il devienne apparent et n'ait atteint sa seconde période.

La description et l'installation des portes intérieures appartiennent à l'aménagement de l'intérieur et m'occuperont un peu plus bas. J'abandonne le sujet, quant

Fig. 13. — Appareil pour le traitement du piétin.

à présent, pour dire quelques mots seulement des fenêtres dont la forme est à peu près arbitraire.

Cependant, je la fais rentrer dans les principes généraux posés dans le tome I, qu'on les dispose donc horizontalement ou verticalement, selon l'ordonnance ou les besoins de la construction, peu importe en vérité si leur seuil est installé à une hauteur telle que les courants d'air, que les mouvements de l'atmosphère intérieure s'établissent au-dessus des animaux sans les atteindre directement. Il est assez ordinaire de ne fer-

mer ces ouvertures que par des châssis portant des
lames de persiennes, fixes ou mobiles, ou des treillages, ou des toiles, souvent aussi des volets pleins,
ce qui n'empêche pas, à l'occasion, d'employer la protection plus complète de barres de fer.

Je ne veux pas entrer à ce sujet dans des développements faciles, mais inutiles ; je m'en tiendrai à un
seul détail nécessaire. Quels que soient la forme et le
nombre des fenêtres, il est essentiel de les munir d'un
moyen de régler l'entrée de l'air à volonté ou, plus
exactement, suivant les exigences de la respiration.

Fig. 14. — Persienne pour bergerie,   Fig. 15. — Persienne pour bergerie,
   fermée et vue de l'intérieur.   ouverte et vue de l'intérieur.

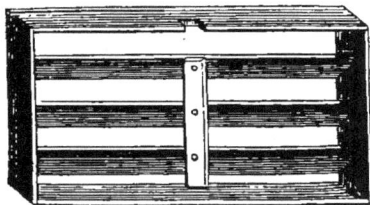

L'appareil qui répond de la manière la plus satisfai-
sante à cet important *desideratum* est la persienne à
cadre dormant et à lames mobiles que représentent,
fermée et vue du dedans, la figure 14, et ouverte la
figure 15. Ses dimensions peuvent varier ; supposons
qu'elle mesure en longueur 0ᵐ,80, en hauteur 0ᵐ,50 et
en largeur 0ᵐ,16. Elle se compose alors d'un encadrement formé de quatre planches de chêne de 0ᵐ,025
d'épaisseur, réunies deux à deux au moyen d'entailles
à queue d'aronde. Chacun des côtés de cet encadrement est percé de trois trous dans lesquels entrent les

tourillons. Trois lames également en chêne et de même dimension que les planchettes de l'encadrement sont mobiles et supportées par des tourillons qui s'enfoncent dans les deux côtés verticaux. Au milieu de ces lames se trouve un piton auquel est attachée, par du fil de fer, une traverse qui permet d'imprimer le mouvement à toutes les lames à la fois. En ayant soin de ne pas donner trop de jeu aux tourillons, on peut aisément, au moyen de cette traverse, faire décrire aux lames un arc de cercle plus ou moins grand, et laisser ainsi entre chacune d'elles plus ou moins d'ouverture. De cette manière l'air frais arrive seulement dans les parties supérieures de la bergerie et ne vient pas frapper directement les animaux qui, par suite, n'éprouvent ni gêne ni souffrance d'un changement brusque de température.

'La simplicité de cet appareil le rend peu dispendieux. On en établit pour 8 francs de semblables à celui que je viens de décrire, mais le prix en varierait avec des dimensions différentes et l'augmentation du nombre des lames.

En l'espèce, les fenêtres sont si mal entendues généralement que je considérerais comme un très-grand progrès l'adoption de cette persienne construite d'après les conseils et les dessins de M. Damourette.

3. — L'AÉRATION.

Le droit à la respiration. — Une vieille erreur ; — Un mal caduc.
— Les idées de Daubenton ; — Réflexions à la suite ; — Raisonnements et commentaires. — Les recommandations invariables.
— Les effets de la stabulation vicieuse. — Deux peintres d'histoire à trente ans de distance. — La routine, une mauvaise conseillère.
— Les moyens d'aération ; — Barbacanes et ventilateurs. — C'est ma marotte. — Le docteur *Bon marché*, Jacques et Petit-Pierre.
— C'est sans comparaison....

Que le lecteur se rassure, je ne reproduirai pas, à l'occasion du mouton, les considérations que j'ai déjà présentées en m'occupant des habitations du cheval et du bœuf au sujet de cette grande et très-importante affaire, l'aération. Qu'il me soit permis de dire néanmoins que la bête à laine a le même droit à la respiration, mais on le méconnaît si bien que le pauvre animal est loin d'en user à sa guise sur les espaces étroits et défectueux à tous égards dans lesquels on entasse à plaisir ses pareils sans plus de souci pour leur bien-être, pour leur santé, pour le jeu libre, plein et régulier des fonctions vitales desquelles résultent évidemment les produits, le profit des éducations. On assure pourtant que l'intérêt est un grand maître, un puissant mobile pour l'esprit. A voir comment les choses se passent ici, on dirait vraiment que chacun

trouve son compte à étouffer ses moutons dans des bergeries insalubres et que les bénéfices d'un troupeau
sont en raison de la malentente et de l'incurie qui
président à sa tenue habituelle. Le mal date de loin ;
il est très-invétéré et depuis longtemps passé à l'état
chronique. Je ne veux pas désespérer de sa guérison
bien qu'il se soit écoulé déjà cent ans depuis le jour
où elle a été solennellement et officiellement promise
par le célèbre Daubenton à ceux qui changeraient de
système. Dès lors, cependant, l'hygiène disait vrai et
donnait les meilleurs conseils, des conseils utiles et fort
désintéressés en soi. Je trouve piquant de rappeler
ici la situation de l'époque et l'opinion du maître sur
le logement du mouton.

« Les étables fermées, disait Daubenton, sont le plus
mauvais logement qu'on puisse donner aux bêtes à laine.
La vapeur qui sort de leur corps et du fumier infecte
l'air et met ces animaux en sueur. Ils s'affaiblissent
dans ces étables trop chaudes et malsaines ; ils y prennent des maladies. La laine y perd sa force, et souvent le fumier s'y dessèche et s'y brûle. Lorsque les
bêtes sortent de l'étable, l'air du dehors les saisit quand
il est froid ; il arrête subitement leur sueur, et quelquefois il peut leur donner de grandes maladies. »

Étable, j'en ai déjà fait la remarque, est le nom col-
lectif de la demeure de tous les animaux domestiques ;
il n'y a donc rien d'étrange à ce qu'on la trouve ici
pour bergerie. Cependant, en l'écrivant jusqu'à trois
fois dans un alinéa aussi court, Daubenton a certainement rencontré juste. Il désignait moins par cette ap-

pellation, à n'en pas douter, une bergerie proprement dite, qu'une habitation commune à plusieurs espèces. Très-pauvre dans le passé et possédant peu de bétail, l'agriculture n'avait pas un logement spécial pour chaque espèce ; toutes les bêtes vivaient ensemble, pêlemêle, dans le même local. Ne voit-on pas de nos jours encore, dans les contrées les plus arriérées, sinon le cultivateur, le paysan au moins et sa famille partager avec le menu bétail, porc, chèvre, volailles, toute sa richesse, la pauvre habitation dans laquelle il s'abrite? Il était impossible alors de donner à chacun ses aises ; on s'accommodait suivant l'occurrence, et ceux qui étaient au mieux n'étaient pas déjà si bien. Le progrès commence forcément avec la séparation et l'on peut dire avec raison ceci, par exemple : si mauvais que soit un logement spécial, une habitation spécialisée plutôt, mieux vaut encore ou celle-ci ou celui-là qu'une pièce commune à tous, qu'un même local pour des êtres si différents.

Quant à l'action subite d'une température très-basse ou de l'intempérie sur des animaux longuement enfermés et en sueur, elle est essentiellement nuisible. On n'avait pas trop l'air de s'en douter du temps de Daubenton; le sait-on mieux aujourd'hui? peut-être ; mais combien agissent encore comme s'ils ne s'en doutaient pas ! « Il ne faut pas chercher ailleurs, écrit un annotateur du livre de Daubenton, ailleurs que dans l'air froid respiré par les animaux au sortir de la bergerie trop chaude, les causes des rhumes, des catarrhes, des toux et de la morve dont ils sont si souvent affectés. Il est donc nécessaire, pour prévenir ces maladies, que la température des bergeries diffère le moins possible de celle du dehors. Ce n'est pas tant le froid qui est nuisible que le vent et la pluie, surtout la bise. »

Je me rallie aisément à ce commentaire et je continue la citation empruntée à Daubenton. « Il faut, dit-il, donner beaucoup d'air aux moutons ; ils sont mieux logés dans les étables ouvertes que dans les étables fermées, mieux sous des appentis ou des hangars que dans des étables ouvertes : un parc peut leur servir de logement sans aucun abri. »

Ceci n'est qu'une exagération. Les vices de la stabulation étaient tels, les bêtes à laine se trouvaient si mal et souffraient tant d'être confinées dans des « étables » impossibles, que mieux valait encore pour elles un abri primitif ou même point d'abri, qu'un cloaque infect ou qu'une étuve malsaine. Voilà ce qui était vrai ; mais ce qui n'est pas moins vrai, ce que l'expérience a clairement démontré, je l'ai dit un peu plus haut, c'est que l'exploitation industrielle du mouton n'admet pas les excès ; elle est judicieuse et rationnelle en les évitant, en donnant au mouton tout ce qui contribue à son bien-être et le place dans les meilleures conditions de rendement et de profit.

Cependant, Daubenton expliquait avec soin ce qu'il entendait par étable ouverte, et distinguait de même la bonne ou la mauvaise influence qu'elle pouvait exercer sur ses habitants ; écoutons-le donc jusqu'au bout. C'est un devoir, car il a été un maître savant et dévoué.

« Une étable ouverte, poursuit-il, a plusieurs fenêtres qui ne sont fermées que par des grillages, de même que la porte. Elle vaut mieux qu'une étable fermée, parce qu'une partie de l'air infecté de la vapeur du corps des moutons et de leur fumier sort par les fenêtres et par la porte, tandis qu'il entre de l'air sain du dehors par les mêmes ouvertures ; mais ce changement d'air ne se fait qu'à la hauteur des fenêtres ; l'air qui reste autour des moutons, dans la partie basse de l'étable, au-dessous des fenêtres, est toujours malsain, quoiqu'il soit échauffé et moins infect que celui des étables fermées. Celles qui sont ouvertes ne font que diminuer le mal ; cependant ce logement est moins mauvais pour les moutons que les étables fermées ; mais il n'est pas bon. »

Le maître est bien convaincu, on le voit, toute sa théorie, tout son raisonnement, je le trouve dans ce mot — de l'air, oui, de l'air pur et respirable en suffisance, tout est là. D'autre part, la nécessité d'une habitation est évidente. Le problème à résoudre est donc celui-ci :

Fournir au mouton, dans sa bergerie, toute la quantité d'air respirable dont il a un impérieux besoin.

Ce problème a fort préoccupé aussi les annotateurs de Daubenton, qui ont cru devoir ajouter à ses propres indications les suivantes, lesquelles ne seront plus tout à fait nouvelles pour les lecteurs de la première partie de cet ouvrage.

« L'air, disent-ils, qui entre dans les poumons des animaux pour servir à la respiration et à l'entretien de la vie, éprouve des altérations telles qu'il ne peut longtemps remplir le même usage, et qu'il a besoin d'être renouvelé : ce n'est plus ce qu'on appelle de l'air pur, de l'air vital ; il acquiert surtout plus de pesanteur, et ne peut guère s'élever au delà de 1 mètre (trois pieds). Les moutons, dans les étables fermées, sont donc forcés de respirer un air qui est bientôt usé, altéré, décomposé par la respiration, et qui ne peut être renouvelé, même par celui qui entrerait par des fenêtres supérieures, puisque celui-ci, plus léger que le premier, ne pourrait pas le chasser et le remplacer : c'est l'effet du vin qui, versé doucement sur de l'eau, ne se mêle point avec elle, et reste à la superficie parce qu'il est plus léger. Il faut donc, non-seulement que les étables puissent avoir un courant d'air suffisant pour renouveler celui qui devient inutile et nuisible par l'effet de la respiration des animaux, mais encore que ce courant soit placé assez bas, et au niveau du sol de la bergerie, au lieu d'être élevé au-dessus de la tête des moutons.

« C'est ainsi que dans la plupart des bergeries qu'on est forcé de fermer, on pratique actuellement dans les murs des ouvertures inférieures, des espèces de fentes longitudinales, appelées *barbacanes*, qui établissent un véritable courant d'air et renouvellent celui dans lequel se trouvent les animaux, de manière à ce qu'ils le respirent toujours pur et bon. C'est ainsi que la multitude des portes vaut mieux que la multitude des fenêtres, parce que, lorsque les premières sont ouvertes, l'air d'en bas se renouvelle bien mieux que par les secondes ; et c'est aussi pourquoi on voit les moutons amoncelés près des portes, parce que, même lorsqu'elles sont fermées, elles laissent toujours passer un peu d'air du dehors, qui vaut mieux à respirer que celui de l'intérieur, et ce n'est pas pour être plus tôt sortis, comme on le croit communément.

« Pour que l'air des bergeries soit bon à respirer pour les moutons, il faut qu'en y entrant on n'y éprouve pas soi-même une forte chaleur, une espèce de suffocation ; qu'on y respire facilement, librement ; que l'odeur des fumiers et des urines ne porte point aux yeux et ne les picote point ; que la lampe y brûle clairement, et que sa lumière ne paraisse point enveloppée d'un nuage ; enfin, qu'une lumière placée par terre y brûle également bien, et ne perde pas de sa clarté et de sa vivacité au bout de quelques instants. »

Ce qu'a enseigné Daubenton sur les exigences d'une complète aération de la bergerie, a été invariablement répété par tous ceux qui ont parlé après lui, *ex professo* comme lui, théoriciens ou praticiens. Grognier, un écrivain très-autorisé, a dit : « Les moutons éprouvent plus de maladies par les effets de la stabulation vicieuse, que par ceux des intempéries de l'atmosphère.

« Un air renfermé, chaud et humide, chargé d'émanations animales, est plus insalubre que celui des marais : il cause plus souvent la cachexie, le charbon, la gale, etc. L'abondance et la fermentation du fumier déterminent le piétin, le fourchet, la maladie du pis, nommée *araignée*, etc.

« C'est à la bergerie, plus qu'au pâturage, que naissent, s'aggravent et se propagent les enzooties, transmissibles ou non, c'est même sous cette influence qu'elles peuvent prendre le caractère contagieux.

« Nous n'avons pas parlé des pneumonies, des catarrhes, de la morve, effets que produit un air froid et sec sur des animaux qui sortent d'une atmosphère chaude et humide.

« D'après la considération de tous ces inconvénients, des agronomes ont proscrit toutes les bergeries, permettant tout au plus des hangars ouverts de tous côtés. »

Grognier écrivait en 1834 ; trente ans après, je lis à l'article Mouton de l'*Encyclopédie pratique de l'agriculteur*, sous la plume de M. F. de Guaita, un moutonnier émérite, le passage suivant :

« La plupart des bergeries que l'on rencontre en France sont moins des abris que des étuves privées d'air et de jour, où les moutons peuvent à peine respirer et sont continuellement exposés à contracter de graves maladies. Le mouton est peut-être, de tous les animaux domestiques, celui qui éprouve le plus grand besoin de respirer toujours un air pur et sain ; sa petite taille, en le rapprochant du sol, l'expose plus que le cheval et le bœuf à l'influence de l'acide carbonique produit par sa respiration. On sait que ce gaz, plus lourd que l'air atmosphérique, tend toujours à descendre. D'ailleurs le mouton est peu sensible au froid, contre lequel, en hiver, il trouve une protection suffisante dans son épaisse toison. Et cependant c'est de

tous nos animaux domestiques, celui que presque toujours nous renfermons le plus étroitement. Dans les
pays surtout où la culture est peu avancée, les propriétaires de moutons semblent toujours craindre
de ne pas tenir leur troupeau assez chaudement.
Aussi, en entrant, en hiver, dans la plupart de leurs
bergeries, on se sent tout à coup suffoqué par des
émanations ammoniacales qui produisent sur les yeux
des picotements insupportables ; les poumons se refusent pendant les premiers moments à aspirer cet
air épais et méphitique. Est-ce chez les cultivateurs
préjugé, ou calcul ? Il y a peu de paysans qui n'aient
remarqué que des animaux renfermés dans un espace
étroit, au milieu d'une atmosphère chaude et pe-
sante, consomment moins de nourriture que ceux
qui jouissent d'un air vif et pur ; il n'est pas impossible dès lors que quelques-uns s'imaginent que c'est
une excellente spéculation que d'empêcher leurs moutons de respirer afin de diminuer la consommation
des fourrages. Peut-être encore ont-ils un autre motif.
Dans les pays où on ne lave pas à dos avant la tonte,
bien des gens croient avoir avantage à pousser autant
que possible à la montée du suint, afin de charger les
toisons et de les faire peser davantage ; ils ferment tout
pour provoquer la transpiration, sans considérer
qu'elle n'a lieu qu'aux dépens de la santé et de l'état
des bêtes ; que la laine des animaux mis ainsi en serre
chaude perd beaucoup de sa qualité, devient faible,
cassante, et diminue de valeur ; et qu'enfin les mar-
chands, trop expérimentés pour se laisser prendre à

un piége aussi grossier, savent parfaitement apprécier. le poids relatif de la laine et du suint. Quoi qu'il en soit, non-seulement les moutons traités d'une manière aussi irrationnelle souffrent à la bergerie et prospèrent mal, mais encore ils sont exposés, toutes les fois qu'ils en sortent en hiver, à contracter des coryzas et des affections pulmonaires, causés par la transition brusque de la température élevée de l'intérieur au froid du dehors. »

Il serait facile de multiplier les citations ; mais je ne veux pas faire ici parade d'une vaine érudition. Ce qui précède suffit à démontrer deux choses assez tristes : premièrement la routine, une routine désastreuse, qui n'a aucune raison d'être, tient toujours contre le progrès ; secondement, lorsque l'intérêt a parlé à l'imagination, ç'a été pour lui inspirer une fraude, un désir de gain illicite. Cependant le calcul était faux ; l'expérience a dit à tous ceux qui l'ont consultée à quel point est favorable à l'élevage, à l'engraissement, à la production de la laine, une bergerie confortable, où l'air est toujours pur, raisonnablement sec, et où la température la plus convenable est maintenue, réglée suivant les circonstances, puisqu'il est vrai qu'au moment de l'agnelage il faut plus de chaleur qu'en aucun autre temps, et qu'un troupeau exclusivement entretenu pour la laine n'a pas besoin d'une bergerie aussi chaude que des bêtes à l'engrais.

L'aération joue donc un rôle considérable et dans la construction et dans la tenue habituelle d'une bergerie close. J'ai précédemment étudié, décrit, discuté (tome I), les divers moyens d'aération et de ventilation des intérieurs. A ce que j'ai dit je n'ai rien à ajouter que ces deux mots : les ventilateurs sont indispensables dans les bergeries fermées sous plafond ; leur efficacité est accrue par l'établissement de barbacanes placées au niveau du sol et dont le fonctionnement utile n'aura lieu que pendant l'absence du troupeau. Quelques auteurs repoussent les barbacanes comme dangereuses à raison des courants plus ou moins vifs d'air tantôt froid et sec, tantôt froid et humide, d'autres fois humide et chaud, qu'elles établissent directement sur le corps des animaux. Ils ont raison si, pendant la stabulation, on laisse ouvertes, en pleine activité, ces meurtrières ; ils cessent d'être dans le vrai, ils ont tort, si on les ferme avec soin au moment de la rentrée des champs pour les rouvrir avec la même exactitude immédiatement après la sortie. Une bergerie isolée, spacieuse et bien entendue sous tous les rapports peut se passer de barbacanes. si portes et fenêtres sont nombreuses, si les ventilateurs sont construits avec art, si d'ailleurs le bâtiment a été élevé en un lieu découvert et salubre, mais il n'en est point ainsi dans les conditions opposées. Alors les barbacanes sont une nécessité, car il faut balayer l'air usé par des courants rapides, dirigés horizontalement dans les couches inférieures de l'atmosphère, ou de bas en haut, contre les gaz méphitiques, plus lourds que l'air raréfié des intérieurs, et dans lesquels demeurent plongés les animaux de petite taille qui deviennent les habitants de la bergerie.

4

Donc des barbacanes et des ventilateurs dans les bergeries closes et par trop abritées par les entours, mais des barbacanes fermées pendant le séjour des bêtes à la bergerie, afin d'éviter les effets nuisibles d'un arrivage trop brusque et trop direct d'air froid, humide, etc.

Dans ces conditions, le remplacement de l'air usé de l'intérieur par de l'air neuf et respirable du dehors, devient facile et la santé du troupeau n'a rien à redouter d'une stabulation passagère ou prolongée, voire d'une stabulation permanente.

Le lecteur pourra se dire que j'ai une prédilection très-marquée pour tout ce qui est aération, je ne le contredirai pas, et pour lui faire partager toutes mes convictions à cet égard, je prendrai toutes les formules : *aer, pabulum vitæ*, l'air est le premier aliment de la vie, je ne sors pas de là, c'est ma boussole, c'est mon point de mire aujourd'hui comme toutes les fois que j'ai écrit sur le logement des animaux après en avoir bâti et aménagé de toutes les sortes. Mais je ne suis pas seul à caresser mon idée fixe et je trouve à l'heure même où j'achève ce chapitre, dans la *Gazette du village*, une œuvre primaire hebdomadaire intelligemment conçue et admirablement faite, un passage que je lui emprunte comme mot de la fin. Il s'agit d'une causerie, d'un simple entretien plutôt, d'un petit colloque si l'on veut entre un bon docteur et un brave villageois. Ce serait bien commode, dit celui-ci, qui s'appelle Jacques, si on pouvait éviter d'être malade. — C'est ce que je ne cesse de vous répéter, répond l'autre. Sachons prévenir le mal ; cela est plus sage que d'avoir à le guérir. Croyez-moi, le meilleur de tous les médecins, c'est le *docteur Bon marché.*

JACQUES. — Qui est celui-là ?

LE DOCTEUR. — Tenez, voilà Petit-Pierre qui passe en allant à l'école : il va nous le dire. Hé ! Petit-Pierre, tu ne me dis pas bonjour ? tu vas donc mieux aujourd'hui, que te voilà en route ?

PETIT-PIERRE. — Oh ! monsieur, maman dit que c'est grâce à vous !

JACQUES. — C'est le petit de la veuve Françoise ; elle en a quatre, la pauvre femme ; et tantôt l'un, tantôt l'autre, sur ses quatre enfants, elle en a toujours un de malade.

LE DOCTEUR. — J'espère que cela ne lui arrivera plus. Ses enfants sont beaux, bien constitués, elle les soigne avec tendresse, mais elle les entassait dans une chambre étroite, *sans air !* — Voyons, Petit-Pierre, conte-nous cela ! tu avais une triste mine l'autre jour dans ton lit. — Maintenant te voilà gaillard : qui donc t'a guéri ?

PETIT-PIERRE. — C'est comme vous dites, monsieur, le docteur *Bon marché.* Ce n'est pas une drogue bien difficile à prendre celle-là ! Et maman dit qu'elle l'aime mieux que les fioles du pharmacien, qui coûtent si cher ; elle ne veut plus s'en passer depuis que vous lui avez expliqué que notre fenêtre ne pouvait plus s'ouvrir, vu que la charnière était cassée. — Il y avait longtemps qu'elle était cassée ! maman l'a fait raccommoder bien vite ; et la fenêtre s'ouvre à présent très-bien.

Et maman, quand nous nous éveillons le matin, l'ouvre toute grande pour faire entrer l'*air pur* qui est le meilleur médecin, vous nous l'avez dit, et qui apporte la vie.

LE DOCTEUR. — Tu as retenu tout cela à merveille, mon petit Pierre. C'est un plaisir de te donner un avis, au moins tu en profites. Et, dis-moi, pourquoi l'*air pur* est-il plus salutaire à la santé ?

PETIT-PIERRE. — Dame ! Monsieur, parce qu'il est pur ! — Vous avez dit à maman qu'on ne peut pas plus vivre sans respirer qu'on ne peut vivre sans manger ; et qu'en s'enfermant avec nous quatre dans notre chambre qui est petite, et en respirant toute la nuit toujours le même air, elle et nous, au matin cet air-là était devenu très-mauvais, et qu'il nous empoisonnait ! J'ai bien compris quand vous nous avez conté l'histoire de ce petit chat qu'on a mis dans une boîte bien fermée. Il avait bu du lait avant d'entrer dans la boîte, et tout de même il y est mort très-vite. Pas mort de faim, — mais parce qu'il n'avait *plus d'air !*

LE DOCTEUR. — Petit-Pierre, tu es un enfant sage, — tu écoutes et tu retiens ce qu'on te dit. Mais va, cours vite, l'heure de l'école est sonnée, tu serais en retard, et M. le maître aurait sujet de te punir.

Vous voyez, mon bon Jacques, qu'il y a souvent des moyens simples de prévenir la maladie. Ces enfants-là se mouraient, faute d'air ! la bonne nourriture que la mère leur donne, — et la pauvre femme se prive même pour eux ! — ne *suffisait* pas à leur existence.

JACQUES. — Je crois, Monsieur, que vous avez raison! C'est sûrement aussi l'air qui manque ici quand ma femme repasse au fourneau toute une journée.

— Je rentre, je trouve la porte fermée, la fenêtre aussi, et Marie avec un grand mal de tête. Pourquoi cela ?

LE DOCTEUR. — Ce mal de tête est un commencement d'asphyxie. Vous pourriez apprendre, en peu de mots, que ce fourneau allumé *au charbon* brûle, dans la chambre, tout l'air *respirable* qui s'y trouve contenu ; et cet air a subi la même altération quand plusieurs personnes y sont restées enfermées, de jour ou de nuit, pendant un certain temps.

JACQUES. — En vérité ?

LE DOCTEUR. — Il y a quelques années, un vaisseau partit du Havre pour Bordeaux, chargé d'émigrants qui allaient s'embarquer dans ce dernier port. Le capitaine de ce navire, se voyant assailli par une tempête en vue des côtes de Bretagne, craignit que ses passagers, sur le pont, ne fussent un obstacle aux manœuvres de l'équipage; il les fit donc descendre à fond de cale et fit fermer les écoutilles. Ces gens nombreux, manquant d'air dans ce lieu étouffé, frappèrent bientôt bruyamment en appelant au secours ! mais leurs voix se perdirent dans le bruit de la tempête... On ne vint point les délivrer ! Au matin, quand on ouvrit, l'horreur fut grande ! La cale était remplie de morts et de mourants. Ces pauvres gens, forcés de respirer le *même* air, y avaient péri !

JACQUES. — Voilà une terrible histoire !

LE DOCTEUR. — Le pis, c'est qu'elle est vraie !...

4.

c'est aussi l'histoire de tous les animaux qu'on entasse dans des intérieurs où l'aération est incomplète, et mieux on les nourrit, qu'on le sache bien, plus le manque d'air respirable leur est nuisible et promptement préjudiciable.

4. — LES BATIMENTS.

Deux exagérations. — Ni en deçà ni au-delà : — *In medio virtus.*
Incompétence et vices de l'architecture monumentale. — Simple
hangar. — Une idée fixe. — Le dernier mot est au climat. — Le
système de la Charmoise. — Programme et description par Morel
de Vindé. — Le modèle de Grignon. — Bergerie fermée de Rambouillet, en 1806 et en 1856.

Au point de vue seul du bâtiment, considéré en
soi, on n'a pas été mieux inspiré relativement à la
bergerie que relativement à l'habitation des autres animaux domestiques. Après avoir été, vis-à-vis du mouton, d'une parcimonie déplorable, bien irrationnelle
aussi, on est allé droit à l'opposé, à l'excès contraire.
Deux exagérations pour une ne constituent pas un
progrès. Entre deux extrêmes pourtant, si peu louables
et si peu justifiés, le bon sens, la saine raison ont une
place à prendre, et ils la rencontrent d'autant plus
facilement alors. S'en tenir au nécessaire sans oublier
aucune exigence, mais sans les dépasser, tel est ici le
but à atteindre. Blâmons les logements étroits, bas,
obscurs, insalubres, insuffisants et malsains tout à la
fois, dans lesquels le bétail, quel qu'il soit, reste
sur les derniers degrés de l'échelle et produit peu,
mais repoussons de même le luxe, inutile et ruineux,

de ces manières de palais dont l'édification absorbe des capitaux forcément improductifs. Bâtissons proprement, confortablement, donnons en suffisance l'espace, l'air et la lumière, mais ne gaspillons pas follement des sommes qui peuvent aisément trouver, à tous égards, un meilleur emploi.

La pauvreté, les vices de la stabulation défectueuse ont fait naître les établissements dispendieux, sans les rendre toujours complets ou parfaitement confortables. Que les inconvénients des uns et des autres fixent enfin les idées sur ce qui est vraiment utile et bien, profitable par conséquent.

Au surplus, les bons types ne manquent pas, mais les imitateurs de ceux qui les ont réalisés. A défaut des architectes ou des entrepreneurs de constructions, qui ne les ont pas étudiés et qui ne les connaissent pas, il faut que les cultivateurs les apprennent et les adoptent. Chez nous, les architectes ne savent guère qu'élever des monuments; les édifices les plus usuels ne sont pas et ne font pas leur affaire. Ils ne savent pas faire mieux une cave qu'un grenier, une maison de petit-maître qu'une ferme, une écurie qu'une étable, une bergerie qu'un toit à porcs ou un poulailler. Que leur ignorance ne desserve pas plus longtemps nos intérêts agricoles, dont la spécialité doit être la science même de l'agriculteur.

a. L'exiguïté des anciennes habitations du mouton, toutes les misères résultant pour un troupeau de la privation d'air respirable dans des enceintes impossibles, devaient conduire à cette pensée que mieux valait pas de bergeries que de semblables bergeries. Daubenton a été l'initiateur convaincu de cette idée qu'il a érigée en système.

Sous notre climat, le système était par trop absolu; il a fallu faire des concessions; le savant a eu le mérite rare de les faire et de donner un modèle qui est un moyen terme entre le hangar simple et la bergerie complétement fermée. Il n'en a pas moins conservé jusqu'à la fin une prédilection très-marquée pour les hangars.

« Un hangar, a-t-il dit dans son *Instruction pour les bergers*, est un toit soutenu tout autour sur des poteaux; l'air infecté en sort, et l'air sain y entre de tous les côtés; les moutons peuvent en sortir lorsqu'ils ont trop chaud, et y rentrer pour se mettre à l'abri de la pluie. C'est certainement le meilleur logement pour les moutons, puisqu'il est très-sain et très-commode pour eux; mais il est coûteux pour les propriétaires de troupeaux. Ils peuvent éviter cette dépense en logeant les moutons dans un parc en plein air, sans abri..... »

En beaucoup de circonstances ce n'est pas assez. Il faut alors songer à élever un hangar aux moindres frais possibles. Ecoutons l'enseignement du maître, qui poursuit en ces termes : « On peut faire un hangar sans murs. Ayez des poteaux de 2 mètres environ de hauteur; placez-les de manière qu'ils soient soutenus chacun par un dé, et rangés sur deux files à 3^m,36 de distance les uns des autres. Assemblez-les avec des solives et des sablières de la même longueur, qui porteront un couvert dont les faîtes n'auront aussi **que**

$3^m,36$, et les chevrons seulement $2^m,35$. Au milieu de cet espace, on met un râtelier double. De chaque côté du même espace, on bâtit un petit appentis qui n'a que $0^m,66$ de largeur, et dont le faîte est placé contre les poteaux du bâtiment du milieu, à $0^m,16$ au-dessous de la sablière. Les solives de cet appentis n'ont que $0^m,66$ de longueur, et les chevrons 1 mètre. Les poteaux qui soutiennent la sablière n'ont aussi que 1 mètre. Des contre fiches, placées à des distances proportionnées à la longueur du bâtiment et assemblées avec les entraits et les poteaux, empêchent que la charpente ne déverse. On attache contre les poteaux des appentis un râtelier, de sorte que la bergerie a quatre rangs de râteliers sur sa largeur, qui est de $4^m,70$.

« Si on la couvre en tuile, il suffit que les bois de la charpente aient $0^m,11$ à $0^m,14$ d'équarrissage. Ils peuvent être encore plus petits si l'on fait la couverture en bardeau ou en paille. »

En se conformant de tous points à ces détails, on arrive à construire une charpente en tout semblable à celle de la figure 16, donnée par Daubenton lui-même. ABCDE sont des poteaux posés sur des dés de pierre F, G, H, I, K. Les poteaux sont assemblés par des solives L, M et des sablières N, O qui portent un couvert PQRS.

T, T sont les petits appentis latéraux qui agrandissent l'espace, sans qu'il soit nécessaire d'employer des bois plus gros et plus longs. U, U sont les contre-fiches assemblées avec les poteaux et les entraits. X est un râtelier double posé au milieu du hangar; Y, Y sont des râteliers simples appuyés aux poteaux des appentis.

Indépendamment des facilités laissées à l'aération, Daubenton se préoccupait aussi de la place à réserver à chaque tête dans cette enceinte, et il continuait en ces termes : « En donnant à chaque bête 0^m,50 il y a dans cette bergerie, pour chacune, un espace de 0^{mq},52 (5 pieds); ce qui suffit d'autant mieux pour les

Fig. 16. — Bergerie. Hangar de Daubenton.

moutons de petite taille qu'il n'est pas à craindre que l'air s'y échauffe, car elle n'est fermée que par des claies. Les unes servent de portes, et les autres empêchent que les moutons ne passent par-dessous les râteliers des côtés de la bergerie et soutiennent le fourrage qu'on met dans les râteliers. De plus, l'air se

renouvelle aussi à tout instant par l'ouverture qui est
tout autour de la bergerie, au-dessous des appentis.
Si l'on destinait cette bergerie à des bêtes de taille
moyenne ou de grande taille, il faudrait en augmenter
les dimensions ou supprimer le râtelier double du
milieu; dans ce dernier cas, il y aurait pour chaque
bête un espace de $0^{mq},52$ (5 pieds); ce qui suffirait
pour les plus grandes. En augmentant la largeur de la
bergerie de 1 ou de 2 mètres, soit $0^m,66$ ou $1^m,34$ pour
le bâtiment, et $0^m,16$ ou $0^m,33$ pour chacun des appentis; et en laissant le râtelier double, chaque bête
aurait un espace de $0^{mq},63$ et plus (6 pieds environ),
ce qui suffirait pour des moutons de moyenne race.
Quant à la longueur de la bergerie, elle serait propor-
tionnée au nombre des bêtes. On pourrait la construire en ligne droite ou en équerre, etc., suivant la
figure du terrain.

« Quoique la construction de ce hangar soit moins
coûteuse que celle des étables et des appentis, cependant elle exige assez de dépense pour qu'il soit à désirer de n'y être pas obligé. Quand même la couverture
de ce hangar ne serait que de chaume, il faudrait toujours une charpente assez forte pour résister aux
grands vents, et de quelque manière que ce hangar
fût construit, on serait sujet aux frais de son entretien.
On peut éviter toute cette dépense en laissant, comme
on l'a déjà dit, les moutons dans un parc en plein air,
sans aucun couvert. »

Tel est toujours le dernier mot de Daubenton, tant il
redoute pour les animaux de l'espèce ovine les effets

pernicieux d'une aération insuffisante, mais tel n'est pas le dernier mot du climat qui, chez nous, oblige le plus souvent à tenir le bétail plus complétement enfermé, qui nous force, par intérêt bien entendu plus que par amour du bien-être de nos animaux, à subir les frais de construction de logements convenables et les charges d'entretien de ces logements.

Aussi, loin d'avancer dans le sens de la suppression de ces derniers, on a marché en sens inverse, car on

Fig. 17. — Bergerie de Daubenton munie de paillassons.

s'est de plus en plus éloigné, en pratique, du simple hangar, de l'enceinte à jour, mais couverte, de Daubenton. Le premier pas fait dans cette voie a été de continuer la clôture fixe des appentis, maintenue à hauteur d'appui dans le modèle présenté par le maître, en la complétant par des paillassons mobiles descendant du toit, qu'on soulève ou qu'on abaisse suivant les besoins ou les circonstances, ainsi qu'on le voit dans la figure 17.

5

b. C'est ce système, quelque peu modifié, qu'a adopté Malingié-Nouel : je laisserai parler l'habile agronome ; le lecteur y gagnera.

« Nos bâtiments, dit-il, consistent en véritables hangars , dont la charpente essentielle est en chêne (*fig.* 12, *page* 42) et tout le reste en bois blanc. Les murs (*fig.* 18) sont remplacés par de simples planches en bois blanc goudronné à chaud, intérieurement et extérieurement. Cette facile et peu coûteuse préparation

Fig. 18. — Bergerie de la Charmoise.

donne à cette espèce de bois une durée étonnante. La matière résineuse s'introduit dans les pores du bois, et le défend contre l'humidité. Elle est garantie elle-même contre l'action des pluies, du soleil et de la chaleur par les fibres du bois. Ils se prêtent ainsi un mutuel appui, qui peut devenir indéfini, car il est facile de renouveler le goudronnage après un certain laps de temps. Des planches, des palissades de contre-espaliers, en bois blanc goudronné, laissées depuis quinze ans en plein air, ne paraissent pas encore avoir besoin d'un nouvel enduit. Elles sont en aussi bon état que le premier jour de leur mise en place. Il est à remarquer que la même opération produit sur le chêne un effet beaucoup moins durable que sur le bois blanc, le goudron ne pénétrant pas dans un bois dur et ne tardant pas de s'effleurir à la surface, par l'action successive de la sécheresse, de l'humidité, de la chaleur et du froid.

« Dans la disposition adoptée, le dessous de deux fermes forme une bergerie, séparée de sa voisine par un râtelier double. Deux ou plusieurs bergeries peuvent être réunies au moyen de petites portes de communication formant solution de continuité dans les râteliers doubles. Ces râteliers sont en forme de V, séparés dans leur milieu par une cloison en voliges, pour que les animaux ne puissent pas se voir, et pour qu'un fourrage différent puisse être mis dans l'un et l'autre compartiment. Ils sont posés sur une mangeoire en bois blanc également goudronnée. Ces mangeoires sont fixes; il est préférable qu'elles le soient plutôt que d'être mobiles, car le fumier ne s'élève jamais trop, étant enlevé tous les mois pendant l'hiver et chaque fois que cela est nécessaire pendant l'été.

« A l'une des extrémités de la bergerie se trouvent, adossées au pignon, de petites cellules pouvant contenir une mère avec son agneau. Ces cellules, que nos élèves ont qualifiées de *salles de police*, servent à isoler de mauvaises mères, qui refusent de reconnaître ou de laisser téter leurs agneaux, — ce qui est très-rare toutefois, et ce qui ne se rencontre que parmi les antenaises agnelant pour la première fois, et novices encore par rapport aux devoirs de la maternité. Plus souvent on met en cellule une mère qui a perdu son agneau, et à laquelle on veut en faire adopter un autre. Toujours, dans un agnelage considérable, et quelques soins que l'on prenne, il arrive quelques accidents. Un agneau tout jeune se trouve écrasé par une mère jalouse qu'il tétait par mégarde; un autre naît avec une mauvaise constitution ou un défaut notoire; ces mécomptes de 2 ou 3 pour 100 se trouvent comblés par des parts doubles, en proportion à peu près égale à celle des pertes. Nous n'en faisons cas que sous ce rapport; nous n'aimerions pas à les voir se multiplier. Les jumeaux naissent petits et faibles, et restent tels, si on les laisse tous deux à leur mère. Séparés, et tombant chacun à une bonne nourriture, ils rattrapent les autres; mais cependant ils font rarement des sujets remarquables. Nos cellules nous servent encore d'infirmerie, en y plaçant une bête blessée ou malade, que l'on retrouve ainsi sous la main chaque fois qu'on le désire. Un animal attaqué d'une maladie contagieuse serait immédiatement transporté au loin.

« A chaque bergerie partielle, composée, comme nous l'avons dit, du dessous de deux fermes, existe une porte également en bois blanc goudronné, dans chacune des cloisons de droite et de gauche. Ces portes sont à deux battants, et peuvent donner passage à un tombereau tout attelé pour l'enlèvement des fumiers ou pour la rentrée des litières terreuses, comme nous le verrons ci-après. Les voitures entrent par une porte et sortent par l'autre, ce qui facilite beaucoup le service, et ce qui permet de le faire avec une grande économie.

« Chaque bergerie a une auge placée à son point central, au pied du poteau du milieu ; au-dessus d'elle s'ouvre un robinet communiquant avec un tuyau distribuant, au moyen d'une pompe, de l'eau à toutes les bergeries. Cette eau se trouvait à une très-grande profondeur ; un puits et une pompe eussent été dispendieux en pareilles conditions. Nous avons fait ouvrir une fosse à proximité de chaque bâtiment. Cette fosse, placée de manière à ne pas gêner la circulation et à ne présenter aucun danger aux animaux, reçoit les eaux pluviales et les transmet à la bergerie au moyen d'une tranchée souterraine partant de son point le plus profond et aboutissant au pignon le plus proche. Cette tranchée est remplie de pierraille dans sa partie inférieure , à la hauteur de 0^m,30. La pierraille est recouverte d'une couche de bruyère ou de paille, pour empêcher que les terres ne remplissent les interstices des pierres. Une source véritable a été ainsi établie, par l'application du drainage, à l'endroit même où l'on en avait besoin. Il y a quinze ans qu'elle fonctionne, et rien ne l'a encore dérangée jusqu'à ce jour. C'est au pied du pignon qu'une petite pompe ordinaire prend l'eau, à l'aide d'un tuyau en plomb correspondant avec la rigole. Cette pompe est placée à l'étage supérieur, et c'est ainsi qu'elle procure l'eau à toutes les bergeries au moyen d'un tuyau longeant le plafond dans toute sa longueur.

« Outre les grandes portes à deux vantaux dont nous avons parlé, il en existe une de chaque côté dans toutes les bergeries partielles. Ces portes, placées à hauteur d'appui, servent à donner de l'air à volonté, en les ouvrant suivant les besoins. Il règne aussi dans le pourtour des cloisons, à leur partie supérieure et à la hauteur du plafond, des jours qui font l'office de ventouses pendant les chaleurs, et qu'on peut boucher plus ou moins complétement avec des boudins de paille pendant les grands froids. Enfin, dans chaque panneau fixe et en regard des petites portes-fenêtres, existent des carreaux fixes fermant des ouvertures de même largeur pratiquées dans les cloisons. De cette façon, on jouit, dans l'intérieur, de la lumière et de l'air nécessaires aux besoins des animaux et du service. La température et l'odeur intérieures ne diffèrent pas sensiblement de ce qui existe à l'extérieur. En aucun temps les personnes les plus délicates ne se trouveraient incommodées, même légèrement, dans nos bergeries. Nous attachons une grande importance à la pureté de l'air qu'y respirent les animaux. Nous savons qu'il leur sert de nourriture, depuis le premier instant de leur vie jusqu'à leur mort, et que cette nourriture, toute précieuse qu'elle est, ne coûte rien. Infectée de miasmes délétères, et notamment de sous-carbonate d'ammoniaque, non-seulement elle devient nuisible aux animaux, mais elle absorbe et dissipe en pure perte la partie la plus active des fumiers. Lorsque cette odeur se développe, il faut y remédier, si l'on ne peut enlever les fumiers, en les saupoudrant avec un peu de

plâtre, ou en plaçant sur des assiettes, dans la bergerie, de l'eau chlorurée, ou de l'acide chlorhydrique.
Que penser de la masse des cultivateurs français, à
commencer par les vaniteux Beaucerons eux-mêmes,
qui se croient les premiers agriculteurs de l'univers,
et qui, au milieu du dix-neuvième siècle, tiennent encore leurs animaux entassés les uns sur les autres entre
quatre murs? Ils ont de plus la précaution de boucher
le plus soigneusement possible la moindre ouverture,
et de laisser accumuler le fumier dans leurs bergeries
pendant une année entière. Au bout de quelques mois,
on n'entre plus qu'en rampant dans de pareilles prisons ;
les narines et les yeux y éprouvent des picotements
douloureux, la transpiration y est excitée au plus haut
point. L'homme ne semble-t-il pas employer ici toute
son intelligence pour combiner les moyens les plus
propres à opérer l'asphyxie de ses animaux ? Comment
ceux-ci peuvent-ils résister à un pareil milieu, dans
lequel ils naissent et vivent ? Il est vrai qu'ils y meurent bien souvent, ou qu'ils y contractent des maladies,
fruit inévitable des transitions brusques qu'ils éprouvent en sortant des lieux infects, aussi étouffants que
ceux-là, pour être exposés au dehors à une température bien différente, et péchant souvent par excès de
froid ou d'humidité. Le véritable agriculteur ne peut
plus tomber aujourd'hui dans ces grossières erreurs
que le progrès des lumières rend véritablement hon-
teuses ; il doit rechercher un abri pour ses troupeaux
et non point une étuve ; l'air pur, pour lequel leurs organes sont faits, et non point un assemblage de gaz et

de miasmes malfaisants. Il en sera récompensé par la santé vigoureuse de ses troupeaux et par l'absence des sinistres qui ont donné, bien à tort, à l'espèce intéressante qui nous occupe, une réputation de débilité due uniquement à l'incurie et à l'absurdité de l'homme, devenu trop souvent son bourreau.

« Le plafond de la bergerie est formé de bousillage, rejointoyé en dessous de la chaux et bien battu par-dessus, de manière à présenter obstacle à l'air montant de la bergerie, lequel détériorerait le fourrage superposé. Ce fourrage s'y entasse, ferme par ferme, avec une grande facilité pour le travail, l'étage étant à jour dans tout son pourtour, et formé de poteaux supportant le toit. Seulement du côté de l'ouest, des panneaux en bois blanc, dont un mobile par chaque ferme, vont d'un poteau à l'autre, afin de garantir les fourrages des pluies et des vents pluvieux, qui viennent de ce point de l'horizon. Lors de la rentrée des récoltes, les panneaux mobiles sont provisoirement enlevés ; de façon que les voitures, qui peuvent circuler dans tout le pourtour des bâtiments, viennent alternativement se décharger de chaque côté du fenil, ce qui facilite et accélère le service d'une manière parfaite.

« On a, de plus, par cet agencement des bâtiments, l'agrément de classer ses richesses fourragères selon leurs diverses natures et qualités. On les reconnaît facilement à l'extérieur : on les visite, on constate leur état, et elles se conservent beaucoup mieux exposées ainsi de tous côtés à l'air, que si elles étaient accotées à des murs qui les détériorent toujours à une profondeur plus ou moins considérable dans les tas.

« Enfin, comme complément et perfection d'un établissement de ce genre, nous conseillons de réserver contre l'intérieur du pignon opposé à celui où sont adossées les cellules ou *salles de police*, un emplacement destiné à former une espèce de cuisine où se fasse la manutention des vivres. On y place un hachetout, un coupe-racines, mus par un petit manége extérieur attelé d'un cheval. Ces instruments sont extrêmement utiles, et aucune exploitation importante ne devrait plus s'en passer. Nous sommes parvenu à les simplifier et à les consolider au point qu'ils sont, pour ainsi dire, indestructibles, et que leur entretien peut s'opérer avec facilité partout. Le manége, qui ne coûte que 300 francs, n'exige aucun bâtiment, ni aucune couverture, et il s'adosse extérieurement au pignon de la bergerie, ou à tout autre bâtiment. Dans la place réservée que nous avons désignée, s'emmagasinent encore les tourteaux, les grains destinés à l'engraissement, et, pendant l'été, les fourrages verts supplémentaires , que nous accordons quelquefois à nos troupeaux dans les moments les plus durs du hâle et de la chaleur. »

Je n'ai rien voulu retrancher de cette citation, bien qu'elle empiète sur un autre chapitre et qu'elle traite d'une question d'hygiène qui m'a déjà occupé. Il est des choses qu'on ne saurait trop dire, et il est des emprunts qu'il ne faut pas tronquer sous peine de tronquer l'enseignement qu'ils portent avec eux. Je me serais reproché de supprimer une seule ligne de cet

5.

important passage, riche de détails qui appartiennent d'ailleurs au sujet.

c. Bien qu'elle soit très-manifestement de la même famille, la bergerie construite et fortement recommandée par M. Morel de Vindé, s'éloigne encore un peu plus des idées rigoureuses et absolues de Daubenton. Elle n'est déjà plus seulement un moyen terme entre le hangar et l'habitation tout à fait close, elle se rapproche plus de celle-ci que de l'autre; mais elle y vient très-judicieusement, très-rationnellement, sans rien sacrifier des besoins, fort intelligemment compris, au contraire, d'une ventilation efficace.

Voici, au surplus, le programme et la description de l'auteur. « Jamais, et dans aucun cas, dit-il, une bergerie ne doit être couverte d'un grenier : la santé des bêtes tient essentiellement à la grande élévation du lieu qu'elles habitent. On ne doit se permettre, au-dessus d'une bergerie, que quelques sinots mobiles, et de place en place, pour la commodité de l'approvisionnement journalier. L'objet que je me suis proposé en faisant construire celle-ci a été qu'elle pût servir de modèle de la meilleure bergerie, faite au plus bas prix possible.

« Elle a 9^m,75 de large, et est divisée par fermes distantes de 3^m,25 les unes des autres; l'espace de chaque ferme, étant ainsi de 9^m,75 sur 3^m,25, donne 31^m,65 de superficie, et est propre, soit à 30 portières avec agneaux, soit à 50 adultes sans agneaux. Ainsi, il ne s'agit que d'augmenter le nombre des fermes pour augmenter la bergerie dans la proportion nécessaire.

«..... Toutes ces fermes ou travées ne sont construites qu'en bois de toute nature. Elles sont combi-
nées de manière qu'il n'y a nulle part un morceau de
bois de plus de 3ᵐ,25 de long sur 0ᵐ,16 d'équarrissage. Dans ces dimensions, le bois ne coûte pas plus
que le bois à brûler. Les parties closes des costières et
pignons ne sont murées qu'avec des bâtons fixés avec
des rappointis, lattés à très-claire voie et baugés en torchis, enduit de plâtre et de mortier de chaux.

Fig. 19. — Coupe de la bergerie de Morel de Vindé.

« Deux œils de bœuf (*fig.* 19 et 20), sont ménagés
dans le haut du remplissage des deux pignons et restent toujours ouverts. Des jours pratiqués tout au
pourtour à une petite élévation du sol (*fig.* 20) se ferment à volonté par des volets à coulisse en bois blanc.

« Les poteaux sont fondés sur des dés de pierre à
l'intérieur et, dans tout le pourtour, sur un petit par-
paing en maçonnerie de 0ᵐ,41 d'élévation en out, savoir : 0ᵐ,24 en terre, 0ᵐ,17 hors de terre .

Le toit couvert en tuiles, est surbaissé de 1ᵐ,63, c'est-à-dire d'un tiers du carré.

« Malgré sa légèreté, ce toit est éminemment solide, parce que, dans tous les points, le faîtage et les pannes sont toujours soutenus par des bois debout. »

A la suite de cette description, Morel de Vindé établissait un devis d'un bon marché d'autant plus sédui-

Fig. 20. — Élévation perspective de la bergerie de Morel de Vindé.

sant que les prix étaient ceux des environs de Paris, et que, hors du rayon de la capitale, ils devaient s'atténuer d'une façon très-notable. Mais nous étions alors en 1819... Depuis cette époque les choses ont singulièrement changé, le prix de revient de 14 francs par tête en 1819, dans les environs de Paris, que l'on pouvait croire facile en maintes situations de réduire

de moitié, même après 1830, serait insuffisant aujour-
d'hui dans nos bourgades les plus reculées, à plus
forte raison ailleurs. On n'a jamais été aussi éloigné de
la vie à bon marché que depuis qu'on s'est mis à en
parler de toutes parts avec acharnement.

Je ne puis d'ailleurs que donner une entière approbation à tous les éléments de cette construction fort
bien entendue à tous égards, et spécialement sous le
rapport de l'aération, puisque j'y retrouve les deux
sortes de courants intérieurs, horizontaux et de bas en
haut, qui permettent le renouvellement complet des
diverses couches de l'atmosphère aux heures et dans
la juste mesure où cela devient utile ou nécessaire. Les
jours du bas, on l'aura remarqué, se ferment à volonté, il est dès lors bien aisé de les mettre en action,
d'en modérer ou d'en suspendre temporairement les
effets, soit pour éviter les courants d'air aux moments
où ils seraient dangereux, soit pour élever la température de la bergerie toutes les fois qu'il en est besoin.
J'ajoute cependant que je trouve par trop absolu ce
principe : « dans aucun cas, il ne doit exister de grenier
au-dessus de la bergerie ». Je ne redoute celui-ci que
lorsqu'il est mal fermé et que, à cette condition déjà
si mauvaise, s'ajoutent celles d'une ventilation man-
quée, d'un aérage insuffisant. Hormis ces deux cas, faciles à prévenir, je ne puis avoir aucune prévention
fondée contre les greniers établis au-dessus des habitations des animaux.

d. C'est un excellent modèle encore, un modèle qui
est devenu pour ainsi dire classique, que celui de la

bergerie de Grignon. Celle-ci est due, ainsi que l'a rappelé l'un des écrivains de l'*Encyclopédie pratique de l'agriculteur*, M. Ch. Barbier, « au concours de deux hommes éminents, auxquels les agriculteurs doivent garder un souvenir reconnaissant : M. Bella père, créateur de l'École, qui a trouvé dans son fils un digne successeur, et M. l'ingénieur Polonceau, l'un des fondateurs dévoués de ce célèbre établissement.

« Le but des auteurs, continue M. Barbier, a été de présenter dans ce bâtiment l'ensemble d'un système

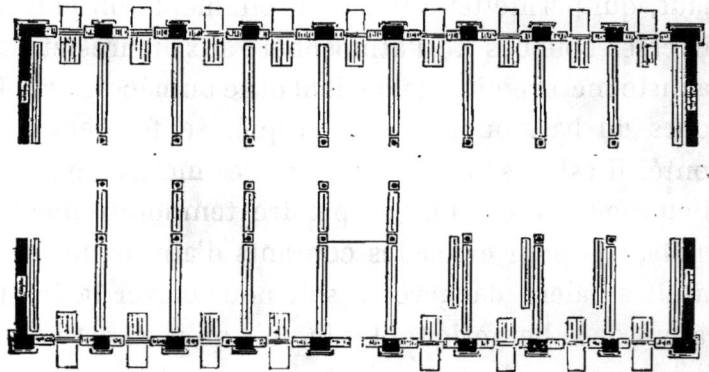

Fig. 21. — Plan de la bergerie de Grignon.

de construction rurale simple, économique et d'une exécution assez facile pour être imitée dans les localités où l'on n'aurait à sa disposition que des ouvriers peu exercés et des bois de charpente irréguliers. Le soin avec lequel cette construction a été étudiée montre que la pratique et la science se sont ici prêté un utile secours.

« Elle se compose d'abord de deux rangs de piliers extérieurs (*fig.* 21 et 22) en maçonnerie brute, de

3^m,85 de hauteur chacun, et un 1^m,20 de largeur. Leur épaisseur est de 0^m,80 à la base, et de 0^m,50 au sommet. Ils servent, concurremment avec deux rangs intermédiaires de poteaux assis sur des dés en pierre, à supporter les fermes en charpente. Les espaces de 2^m,80 de largeur existant entre ces pilastres sont remplis, jusqu'à la hauteur de 1^m,30, par de petits murs, et le reste est rempli par une cloison en torchis. Les pignons sont clos par des murs pleins jus-

Fig. 22 —Elévation perspective de la bergerie de Grignon.

qu'à la hauteur des pilastres, et par du torchis jusqu'au faîte.

« L'ensemble se compose de onze travées, et présente ainsi une longueur de 44^m,70 sur une largeur intérieure de 16 mètres, et extérieure de 24 mètres d'un bord du toit à l'autre.

« Des poutres horizontales en bois brut, simplement dressées sur deux faces, portent, par leurs extrémités, sur le sommet des pilastres en maçonnerie; elles ont chacune une longueur totale de 22^m,85, dont

2^m,70 de saillie extérieure de chaque côté; elles sont formées de trois pièces assemblées sur les têtes de deux poteaux ronds intermédiaires, avec lesquels elles sont encore reliées par des liens dont on fera connaître tout à l'heure la disposition.

« Des arbalétriers, qui ont 12 mètres 45 de longueur chacun, sont en bois d'orme simplement écorcé et refendu en deux. La longueur de ces arbalétriers a obligé de les former de deux pièces assemblées bout à bout, à mi-bois. Ils présentent une légère courbure qui augmente en même temps leur rigidité et la capacité des greniers, tout en offrant l'avantage de réduire la hauteur du faîte. Cette courbure, d'ailleurs, loin d'être une cause de difficulté dans l'exécution, a l'avantage de permettre l'emploi de bois légèrement courbes, beaucoup plus communs que les bois droits. Il est, du reste, très-facile d'égaliser les irrégularités de courbure ou d'en donner une légère aux bois droits en les élevant au milieu et en chargeant leurs extrémités. On peut aider, au besoin, cette action en les chauffant par-dessous, après les avoir mouillés.

« Ces arbalétriers, buttant par encastrement dans les extrémités des poutres, se croisent à leur extrémité supérieure, et supportent la faîtière dans l'angle que forme la réunion de leurs sommets. Ils sont reliés avec les poteaux et les poutres, au moyen de deux grands liens et deux petits qui embrassent à la fois toute la ferme. Ces liens, qui sont composés de bois refendus, et dont deux sont placés d'un côté d'une ferme et deux du côté opposé, s'assemblent avec les autres pièces

par la simple application de leurs faces planes, avec
un léger embrèvement et de petits boulons. Des contre-
fiches, battant dans la maçonnerie des pilastres, supportent les extrémités saillantes des poutres à l'extérieur et la saillie du toit. Malgré la légèreté du bois,
l'absence de poinçons et la simplicité des assemblages,
qui sont faits sans aucun tenon ni mortaise, chaque
ferme présente toute la solidité désirable, parce qu'elle
est reliée par les grands liens croisés qui font la force
de ce système, et qu'elle présente une combinaison de
triangles qui la rend invariable.

« Ce système est avantageux, 1° en ce que les char-
pentiers les moins instruits peuvent l'exécuter sans
difficulté, la taille étant des plus simples ; 2° en ce que
le montage, le démontage et le remplacement des
pièces y sont plus faciles que dans aucun système ;
3° en ce que ce système permet de se servir de bois irréguliers et de très-médiocre qualité, et d'en employer
peu. Ainsi, pour les quatre grands liens d'une ferme,
il suffit de deux pièces refendues, dont les moitiés sont
placées, les unes d'un côté, les autres de l'autre, de manière que, les courbures se répétant en sens contraire
dans chaque demi-pièce, il y a symétrie malgré leur
irrégularité. De même, chaque pièce courbée peut
fournir, en la refendant, deux arbalétriers.

« La toiture, qui est à deux pentes, a été formée en
établissant sur les arbalétriers, et de chaque côté, six
rangs de pannes en bois blanc refendu, espacées
de 2 en 2 mètres, et sur lesquelles on a cloué, dans le
sens de la pente du toit, des voliges brutes jointives.

Ces voliges se trouvent encore appuyées sur de fausses pannes intermédiaires en planches, placées de champ. La couverture, qui était primitivement composée simplement de voliges bitumées à chaud, est aujourd'hui composée, par tiers, de zinc au milieu et d'ardoises sur les côtés.

Pour éviter les inconvénients qui résultent de la chute des eaux lorsque les bords des toits ne sont pas garnis de chéneaux, et pour prévenir la dégradation du chemin, on a établi, de 12 mètres en 12 mètres, des gouttières composées de trois planches bitumées, fixées contre les extrémités des fermes. Pour y conduire les eaux, on a placé sur la partie inférieure du toit, perpendiculairement à sa surface, de petites planches formant ensemble des angles dont les sommets se trouvent placés au milieu des intervalles qui séparent les gouttières. Au moyen de cette disposition, les eaux sont arrêtées par la saillie de ces planchettes sur la surface du toit, et, par l'effet de la pente qui résulte de l'obliquité des côtés de cette espèce de chevron, elles sont conduites de part et d'autre dans chacune des gouttières, qui les projettent au delà du chemin, lequel est ainsi préservé de toute dégradation. Ce moyen, peu dispendieux, paraît préférable aux chéneaux que l'on place ordinairement sous les toits, en les soutenant par des potences avancées en fer, scellées dans les murs. En effet, ces chéneaux suspendus ne peuvent préserver entièrement les murs de la pluie, parce que, leur pente les éloignant progressivement du bord horizontal du toit, il y a toujours entre deux un espace d'autant plus grand que le toit est plus long, et par lequel le vent chasse souvent les eaux contre les murs du bâtiment, ou au moins hors du chéneau.

« On a pu remarquer que le système adopté pour la toiture est une des plus grandes causes de l'économie apportée dans la construction de la bergerie. La consommation totale des bois employés à la charpente du toit, qui couvre un espace de plus de 1,000 mètres carrés, ne s'est élevée qu'à 30 mètres cubes. On a employé, en outre, 60 mètres carrés de planches pour les fausses pannes et les gouttières, et 6,000 voliges de peuplier de 2 mètres de longueur sur $0^m,10$ à $0^m,12$ de largeur. Un vaste grenier règne sur le tout. Il est élevé, au-dessus du sol de la bergerie, de 4 mètres sous solives. La saillie du toit, d'environ $3^m,50$, abrite les voitures, qui peuvent s'y décharger à couvert dans tout le périmètre. Cette disposition mérite d'être recommandée pour tous les bâtiments destinés à remiser des fourrages au-dessus de l'habitation des animaux.

« Deux portes charretières sont pratiquées dans les murs de pignon. Les voitures qui enlèvent le fumier peuvent traverser la bergerie dans toute sa longueur. »

e. J'arrive enfin à la bergerie complétement close, ce type essentiellement défectueux, si bien aménagé qu'il soit par ailleurs, lorsque les conditions d'aérage ont été mal entendues ou même tout à fait oubliées. C'est le cas particulier de la bergerie de Rambouillet où tout serait à louer si, dans l'origine, on avait pensé à établir une bonne ventilation. Loin de se rapprocher ici des idées de Daubenton, on est allé à l'autre extrême afin de s'écarter aussi peu que possible de la température de l'Espagne d'où venait le troupeau à loger. Mais la chaleur sans air respirable, c'est la suffocation et l'insalubrité. On a donc manqué, en 1806, lorsqu'a été édifié Rambouillet, à la première et à la plus essentielle des conditions d'une bonne habitation du mouton en ne mettant à cette bergerie que des portes et des fenêtres.

A cinquante ans de distance, en 1856, on a cherché à remédier à l'insuffisance de la ventilation, mais on est resté en route, car on n'a point établi de ventilateurs. L'éclairage et la ventilation s'opèrent par des fenêtres garnies de treillages et par des portes coupées dans leur hauteur, s'ouvrant au dehors et surmontées aussi d'une imposte à jour ; le bas des portes a deux espèces de battants, l'un à claire-voie, l'autre à panneau plein. On peut les fermer ou les ouvrir suivant les besoins. Cette amélioration a son prix ; son efficacité aurait été accrue par l'existence de cheminées d'évaporation bien entendues quant aux dimensions de leurs orifices et rationnellement établies.

5. — LES AMÉNAGEMENTS INTÉRIEURS. — AUGES ET RATELIERS.

Un point essentiel. — Le calcul des surfaces. — Planchers à claire-voie. — On s'évertue à mal faire. — Une description. — Les bergeries simples, doubles, à plusieurs rangs, à travées transversales, à compartiments et à couloir. — La crèche; ses formes, ses dimensions, ses variétés, ses usages. — Le râtelier circulaire. — Cornadis et fourrière. — Coffre et brouette. — En Allemagne.— Les divisions de la bergerie. — Les clôtures à charnières. — Les portes intérieures. — Place au feu et à la chandelle. — Le droit à la crèche. — L'arithmétique du bâtiment. — Les boxes. — Les abreuvoirs intérieurs. — La citerne. — Un drainage insuffisant. — L'habitation du berger. — La chambre aux provendes. — Dernières observations. — Une pénible révélation. — Un tableau peu flatté. — Sages conseils. — Un encouragement peu flatteur.

L'aménagement intérieur de la bergerie et son ameublement, si simples qu'ils soient en réalité, ne le cèdent en importance à l'arrangement, aux dispositions intérieures d'aucune des habitations de nos animaux domestiques. Ceci est facile à comprendre, et pourtant on ne le sent pas assez, puisqu'on ne se conforme pas toujours aux règles les plus sûres, même dans l'ordonnancement des bergeries qu'on offre ensuite comme d'excellents modèles à imiter. De ce nombre est celle de la fameuse ferme de Britannia, en Belgique, établie très-luxueusement sous certains rap-

ports et sans le confort intérieur voulu, car l'espace
manque en dépit de la capacité du vaisseau. Ce point
a été fort bien démontré par M. Barbier dont j'em-
prunterai encore le raisonnement et les calculs.

a. Après avoir décrit et mesuré l'intérieur, M. Barbier s'exprime ainsi : « Il s'en faut beaucoup cependant
qu'on puisse appliquer le calcul des surfaces avec l'a-.
ménagement adopté. Voyons, en effet, ce qui en résulte.

« Ce n'est pas ici le lieu de rechercher pourquoi le
rail-way a été placé à l'intérieur, et s'il ne pouvait
pas aussi bien circuler à l'extérieur, à l'abri d'un prolongement du toit, ainsi qu'on le voit à Grignon. Toujours est-il qu'il n'occupe pas moins de $1^m,25$ de
largeur, sur toute la longueur des bâtiments, c'est-à-
dire une surface de 60 mètres carrés par 288 mètres
carrés. D'un autre côté, les couloirs, qui ont $0^m,80$ de
largeur, occupent une surface de 10 mètres carrés dans
la première bergerie et de 14 mètres dans la seconde.
Voilà près du tiers de la surface totale. Est-ce à dire
que les 204 mètres restants peuvent recevoir 204 têtes ?
Nous trouvons bien, d'après les plans, un développement de crèches de 90 mètres ; et, à raison de $0^m,45$
par tête, il y aurait place pour loger et affourrager
les 204 têtes. Mais, si on veut bien se reporter au calcul qui a été fait précédemment, on verra que chaque
angle perd $2^m,50$ ou la place à la crèche de 6 têtes ;
que la disposition donnée aux crèches par l'aménagement crée six angles dans la bergerie du fond et huit
dans la seconde ; que ces quatorze angles réduisent en-

core le chiffre de 84 têtes. D'où il résulte qu'au lieu de loger, d'après le calcul de la surface des bâtiments, 288 têtes, on ne peut en réalité en loger que 120. Ce système fait donc perdre plus de moitié de la surface. Les facilités qu'il procure pour le service compensent-elles ce désavantage ?

« Nous nous sommes arrêté en dernier lieu sur ces détails, parce qu'ils confirment ce que nous avons dit de l'influence que l'aménagement intérieur peut exercer sur les résultats économiques. En empruntant cet exemple à une ferme qui présente d'ailleurs une étude si intelligente des constructions rurales, nous avons surtout voulu montrer combien il est facile d'éprouver des mécomptes, lorsqu'on n'attache pas à cette question toute l'importance qu'elle mérite. »

Cet exemple étant bien choisi suffit à la démonstration que j'ai voulu présenter au lecteur. Je passe outre, dès lors, sans insister davantage.

b. Il me faut néanmoins m'arrêter un instant sur une disposition particulière de l'aire de l'habitation dont je n'ai pas encore parlé dans cette partie de mon livre et qui m'est rappelée par la bergerie de Britannia où elle a été appliquée aux compartiments occupés par les moutons, sans avoir été, heureusement, étendue à la bergerie des mères et des petits. Mieux eût valu l'oublier complétement, car elle est de tous points défectueuse pour toutes les bêtes du troupeau indistinctement.

Il s'agit des planchers à claire-voie, invention anglaise fort préconisée pendant un temps et à laquelle on ne peut trouver, dans la bergerie, que des inconvénients. Elle avait pour objet, disait-on, d'assurer la salubrité du couchage tout en supprimant la litière, ce qui était une économie ; elle va précisément à l'encontre de ces deux visées, et met les animaux à la torture, car l'assiette du pied y est instable et pénible. Loin d'économiser sur la litière, dans une bergerie, il faut l'y apporter abondamment, quelle qu'elle soit, afin de produire les plus grandes quantités de fumier, et loin de placer les excréments dans les conditions les plus favorables à leur libre fermentation, ce qui arrive si vite par le système des planchers à claire-voie, il y a nécessité d'en absorber la totalité du produit dans le double intérêt de la santé des animaux et de la richesse de l'engrais. Ainsi, perte considérable de gaz dont il faut avec soin conserver la totalité dans le fumier, insalubrité du local réagissant sur la santé, mauvais couchage, fatigue considérable aux heures du repos, pourrissage très-rapide de la claire-voie ; tels sont les inconvénients, les vices plutôt de ce système.

En principe, je le rappelle, il consiste en un gril formé de madriers en bois dur, posés sur champ au-dessus d'une fosse et laissant entre eux un petit intervalle par lequel tombent les excréments. Ces madriers reposent, soit directement, soit au moyen de poutrelles, sur les murs de la fosse ; enfin certaines parties sont assemblées transversalement et s'enlèvent pour permettre la vidange.

Dans ce système, aucun moyen d'aération ne peut

être complétement ou suffisamment efficace. Je le repousse d'une manière absolue.

c. Les dispositions intérieures de la bergerie constituent cette dernière et la classent.

Il y a d'abord la bergerie simple, celle dans laquelle les crèches sont appuyées aux murs; elle ne forme qu'un seul compartiment d'une crèche à l'autre, l'espace minimum doit être de 3 mètres.

On applique la dénomination de bergerie double à celle dans laquelle on place les crèches de manière à former deux compartiments dans le sens de la longueur du bâtiment. Une crèche simple occupant un espace de $0^m,50$, la crèche doublière couvre 1 mètre de terrain, 1 mètre pour la doublière et 1 mètre pour les deux crèches simples adossées aux murs $= 2$ mètres $+ 3$ mètres d'espacement de l'une à l'autre dans chaque division $= 8$ mètres pour la totalité. La doublière est généralement plus courte que les autres et laisse à chacune de ses extrémités un passage qui reste libre et qu'on ferme suivant l'occurrence.

On fait ensuite des bergeries à plusieurs rangs, très-diversement divisées, des bergeries à travées transversales, des bergeries à compartiments et à couloir. Toutes ces formes interviennent à raison des besoins ou des circonstances spéciales qui restent d'ailleurs sans importance sur le mérite essentiel de l'habitation.

d. Les clôtures, les séparations s'obtiennent au moyen de crèches, de claies, etc. Il faut donc à présent nous occuper de ces objets dont je n'ai encore dit rien de spécial.

6

— On appelle crèche, je ne l'apprendrai à personne, l'appareil dans lequel on dépose les aliments du mouton. C'est un meuble très-essentiel que celui-là dans toutes les habitations de nos diverses espèces domestiques. Il revient pour la troisième fois sous ma plume. J'en ai parlé à propos des écuries et des étables, il me faut en parler encore ici, car il ne commande pas moins d'attention dans la bergerie qu'ailleurs. Ce n'est sûrement pas l'avis de ceux qui n'en meublent pas leurs petites bergeries, mais nul ne sera tenté d'aller chercher des modèles près d'eux. Le mouton à qui l'on jette quelque aliment sur son fumier n'est ni le plus beau, ni le plus productif. Regrettons de ne pouvoir améliorer sa mauvaise situation et disons ce que doit être la crèche, puisque, bien ou mal entendu, l'appareil fait que la nourriture est consommée avec perte ou avec profit, et que nombre d'accidents physiques sont favorisés ou évités.

La crèche est un ensemble. Elle résulte de la réunion en un seul appareil du râtelier et de l'auge. Il n'y a plus que les bergeries mal tenues où l'on voie encore des râteliers sans leur complément nécessaire, sans la mangeoire ; celle-ci manque parfois, sous prétexte d'économie, triste économie, pratique vicieuse, car elle occasionne des pertes de fourrages incessamment renouvelées. Plus le mode d'alimentation se perfectionne en variant la nourriture, et plus devient indispensable la crèche complète, la crèche composée du râtelier pour les fourrages en brins, et de la mangeoire qui reçoit non plus seulement les débris ou les graines échappés du râtelier, mais les provendes, les pulpes, les rations de grains.

On a singulièrement varié la forme, les dispositions de la crèche, et je n'en finirais pas, s'il me fallait toutes les passer en revue, je m'en tiendrai aux principales, aux meilleures surtout.

On la fixe ou on la mobilise; dans les deux cas, elle peut être ou simple ou double, ce que d'aucuns nomment doublière.

Fig. 23. — Crèche simple et fixe.

Simple et fixe, comme celle de la figure 23, elle s'applique au mur; son bâti se compose d'un montant dans lequel est assemblé sous un angle ouvert supérieurement et à mortaise, un bras *ab* supporté par une jambe de fer. Une planche est fixée sur ce bras dont elle prend l'inclinaison; elle reçoit les fuseaux du râtelier dont le limon s'attache au montant par une tringle en gros fil de fer, et elle est munie d'un rebord en *b*. Le montant est percé de trous, et se fixe à la hauteur voulue, au moyen de deux pattes scellées, entre lesquelles il glisse, et que traverse une broche en fer.

Une crèche fixe serait bientôt enterrée dans le fumier. On a obvié à cet inconvénient en se ménageant les moyens d'élever l'appareil à mesure que le tas monte. Il serait bien mieux, plus hygiénique surtout, de vider plus souvent et de prévenir la nécessité à laquelle il faut bien obéir quand on l'a laissée se produire.

Alors, le meilleur râtelier est celui que représente

Fig. 24. — Râtelier simple mobile.

la figure 24 et que M. F. de Guaita, cultivateur compétent, recommande tout particulièrement.

Ces râteliers se composent, dit-il, d'une planche de peuplier d'environ $0^m,35$ de largeur sur $0^m,04$ d'épaisseur, et dont la longueur varie de 3 à 6 mètres. Le mieux est de leur donner 4 mètres de longueur ; ils sont alors fort maniables et convenables sous tous les rapports. A $0^m,06$ environ du bord qui doit s'appuyer contre le mur de la bergerie, on perce à la tarière une série de

trous espacés de $0^m,08$ à $0^m,10$, de manière que les fuseaux qu'ils sont destinés à recevoir, forment, avec
le mur de la bergerie, un angle de 35 degrés environ.
Après y avoir enfoncé les fuseaux, que l'on assujettit
dans les trous en chassant, à coups de marteau, de
petits coins de bois dans une fente préparée à l'avance
à leur extrémité, on en introduit les bouts supérieurs
dans un montant d'échelle aussi en bois de peuplier,
puis, on cloue autour de la planche de petites voliges
qui en font une véritable mangeoire.

A chaque bout de la planche, on pratique deux entailles oblongues destinées à recevoir les supports
que représente la gravure.

Ces supports se font en bois de chêne. Ils se composent d'une barre de $1^m,50$ de longueur environ, percée
de trous sur le tiers à peu près de sa longueur, en
partant de l'extrémité supérieure. Cette barre traverse
la planche qui forme le fond de la mangeoire, en passant par l'une des ouvertures qui y ont été pratiquées; elle la soutient par derrière au moyen d'une
cheville en chêne qui y est enfoncée horizontalement
juste au-dessous de cette ouverture.

A l'extrémité inférieure de la barre, on fait une
mortaise dans laquelle on assujettit un morceau de
bois courbe qui vient passer dans la seconde ouverture faite dans la planche, et qui la soutient par devant au moyen d'une cheville transversale semblable
à celle de la maîtresse barre. Ce morceau de bois se
prolonge jusqu'à la hauteur du montant supérieur, qui
s'y appuie, et ne peut ainsi pencher en avant. On le

fixe dans la maîtresse barre au moyen d'une cheville d'abord, qui traverse la mortaise et le tenon, puis, d'un boulon en fer, qui va d'avant en arrière, et relie solidement le morceau de bois à la barre.

Le support, ainsi construit, est suspendu à la muraille par une *gueule de loup* qui y est scellée, et qui consiste tout simplement en une bûche de chêne traversant le mur dans une partie de son épaisseur, et ressortant de 0^m,12 à 0^m,15 à l'intérieur de la bergerie. La partie saillante est partagée à la scie en deux parties, entre lesquelles on fait glisser la maîtresse

Crèches doublières de Grignon
Fig. 25. — Élévation de face. Fig. 26. — Élévation de côté.

barre du support. Deux trous qui y sont pratiqués reçoivent une cheville qui passe en même temps dans l'un des trous de la maîtresse barre et qui permet de régler à volonté la hauteur du râtelier.

La crèche double est nécessairement un peu plus compliquée. L'un des meilleurs modèles connu est celui de Grignon dont il a pris le nom et que feront suffisamment comprendre les deux petites figures inscrites sous les numéros 25 et 26 ; la cloison médiane du râtelier qui constitue la doublière, formée par des voliges appliquées sur le bâti en pied de banc qui four-

nit les pieds de l'appareil, facilite par sa double inclinaison la descente du fourrage et de ses débris. Quant
au râtelier, il est peu incliné et le fourrage ne tombe
pas sur les toisons. L'ensemble est très-solide et son
assiette est stable. Toutefois, écrit M. Barbier, on l'a
trouvé, dans la pratique, trop pesant, difficile à déplacer et on lui a fait subir certaines modifications qu'il
n'approuve qu'à demi, si même il les approuve. Ainsi,
les pieds inclinés ont été remplacés par des pieds
droits qui emboîtent la double mangeoire. Ils sont reliés par une traverse inférieure et munis de fortes
roulettes en bois dont le mouvement de rotation s'accomplit dans le sens longitudinal de la crèche. La
cloison médiane se compose d'une simple planche.

Dans quelques bergeries, on a adopté les crèches
suspendues au plafond par des poulies (*fig.* 27). Ce
fait même implique la plus grande légèreté possible :
on les enlève après le repas pour gagner du terrain.
Les animaux ont alors plus de liberté et le fumier est
plus régulièrement fait. Mais aussi quel travail et quelle
sujétion ! sans parler de l'instabilité de l'appareil, laquelle a ses dangers pour tous et plus particulièrement encore pour les femelles pleines.

On voit que les *desiderata* de ce genre de construction ne laissent pas que d'être importants. M. Barbier les a fort bien établis dans le passage suivant :

« Le râtelier doit être assez large pour contenir
l'affouragement d'un repas ; par chaque tête, sur
0^m,40 à 0^m,50 de longueur, 0^m,40 d'ouverture suffisent
même pour la paille. Il doit être fermé à chaque ex-

trémité. Les fuseaux seront peu inclinés, afin que la laine ne soit pas salie par les débris du fourrage. Leur écartement ne doit pas excéder 0^m,15. Nous regardons comme une disposition mauvaise et en contradiction avec la précédente celle qui permet aux animaux d'introduire entièrement leur tête entre les

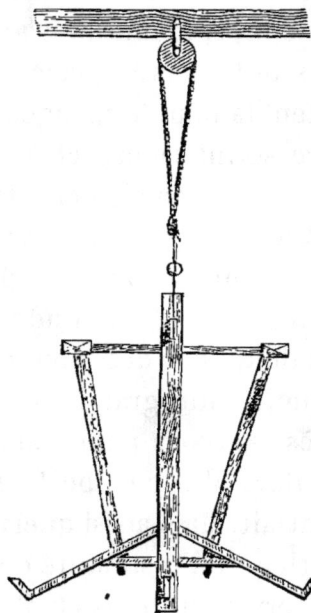

Fig. 27. — Crèche doublière suspendue.

fuseaux. On garnit la mangeoire d'un rebord assez élevé pour contenir les provendes. Son affleurement excède peu celui du râtelier. Il convient que son plafond soit horizontal, à moins qu'il ne soit le prolongement de celui du râtelier, comme dans les figures 23 et 27. Le limon supérieur doit être surmonté d'une housse pleine, en volige sur champ, qui empêche le mouton de manger par-dessus le râtelier, tandis qu'une forte inclinaison de son plafond dirigera en avant la descente du fourrage et en enverra les débris à la mangeoire.

« Si les crèches sont doubles, le râtelier reçoit une cloison médiane qui permet d'affourager de chaque côté d'une manière différente. Lorsqu'elles servent de clôture pour établir des séparations, il faut disposer en dessous de la mangeoire une planche qui intercepte la communication. Cette précaution est même toujours utile. En essayant de passer sous la crèche, les jeunes animaux peuvent se blesser. Les crèches doublières doivent pouvoir se transporter facilement et offrir en même temps une assiette solide, sans qu'il soit nécessaire de recourir à des piquets ou à des cordages. Enfin, en réunissant ces diverses conditions, la construction doit être simple, économique et solide à la fois.

« Un dernier mot. Dans certaines exploitations, la nourriture des bêtes ovines se compose principalement de provendes, de fourrages hachés et fermentés avec des résidus d'industries agricoles. Elle réclame une forme de crèche appropriée. On donne alors à la mangeoire de plus grandes dimensions, et le râtelier, muni de charnières, s'abat en recouvrement sur cette mangeoire en formant un compartiment entre chaque fuseau. »

J'ai déjà montré dans le cours de cet ouvrage une prédilection très-marquée pour la forme circulaire à laquelle l'expérience accorde des avantages qui ont leur prix. J'en trouve ici une nouvelle application soit aux compartiments réservés pour les agneaux, soit aux cas éventuels d'exubérance passagère de la population habituelle d'une bergerie. Les crèches circulaires, plus spécialement destinées aux agneaux, reçoivent en général de 1 mètre à 1^m,50 de diamètre. Au centre, un cône tronqué divise le fourrage. L'appareil est verti-

Fig. 28. — Râtelier circulaire.

cal: avec ce système, une place de 0^m,35 pour les bêtes adultes, et de 0^m,25 pour les jeunes, est suffisante.

Cette forme, systématiquement adoptée à l'ancienne bergerie de Gevrolles, a donné lieu à la description suivante que je puise dans l'excellente *Gazette des campagnes* où elle était bien à sa place.

« Le râtelier circulaire (*fig.* 28) est maintenu à sa partie supérieure par une forte traverse en bois, il est entouré d'une auge destinée à recevoir les pulpes, les racines, le grain ou le fourrage haché. Un cône intérieur fait glisser le fourrage sur le râtelier. Le cône, le râtelier et l'auge sont mobiles le long du poteau vertical fixé à terre et attaché au plancher qui supporte l'appareil. Des trous pratiqués dans ce poteau permettent, à l'aide d'une clavette, de hausser ou de baisser le râtelier circulaire, afin de mettre la nourriture à la portée des animaux. De cette façon, on peut élever peu à peu le râtelier, au fur et à mesure que la litière et le fumier s'accumulent dans la bergerie.

« Ce râtelier a été installé dans la bergerie de Gevrolles, habilement dirigée par M. Jean Lefèvre qui s'applaudit d'avoir eu cette heureuse idée. Mais, comme cette construction, quelque rustique qu'elle soit, ne doit pas être faite au hasard, que la largeur de l'auge, par exemple, doit être calculée de manière à ne pas gêner les animaux et détériorer la toison des moutons, il est bon de connaître les proportions que l'expérience a consacrées. Voici les dimensions adoptées à la bergerie de Gevrolles :

Diamètre du râtelier................	1m,17
Diamètre du plateau inférieur........	1 ,75
Hauteur des barreaux...............	0 ,60
Largeur de l'auge..................	0 ,35
Profondeur de l'auge...............	0 ,15

« Au lieu d'une forme circulaire, on peut donner à ce râtelier une forme plus ou moins elliptique ; cependant il vaut mieux adopter le cercle, dût-on multiplier les râteliers circulaires au centre de la bergerie. »

Je ne veux pas oublier une disposition particulière que j'ai précédemment étudiée en m'occupant de l'habitation des bêtes bovines et dont je sais une application très-réussie à la bergerie. Je lui ai conservé, dans l'étable, la dénomination limousine de *cornadis*, elle prend ici, dans le Bourbonnais, et elle conserve chez l'intelligent agriculteur de Theneuille, M. Bignon, l'appellation spéciale et assez appropriée de *fourrière*. Fourrière et cornadis sont donc deux désignations locales d'une seule et même disposition de la crèche.

Fig. 29. — Vue des mangeoires de la bergerie de M. Bignon.

Si cornadis l'emporte quand il s'agit du gros bétail armé de cornes, fourrière vaut mieux pour le mouton dont la tête est presque toujours désarmée.

Cela dit, j'ajoute que la figure 29 suffit à faire comprendre le système des fourrières, innovation dont je loue beaucoup M. Bignon. Ce mode, particulièrement applicable aux bergeries à couloir, facilite et simplifie le service tout en prévenant le gaspillage de la nourriture et en procurant un repos facile aux ani-

maux. Je crois pouvoir le recommander en toutes circonstances, mais plus encore pour les bêtes à l'engrais
qu'il ne faut déranger que le moins possible.

M. de Lasteyrie a donné la figure d'une crèche mobile qui pourrait être accidentellement employée là
où l'alimentation, composée de pulpes ou de grains

Fig. 30. — Râtelier coffre de Lasteyrie.

concassés, n'est pas usuelle, mais passagère, accidentelle en quelque sorte. En la reproduisant sous le
n° 30, je montre une caisse longue en bois, une manière de coffre peu profond et sur lequel se trouve fixé
un râtelier de forme rectangulaire. Il n'y a là aucune
difficulté particulière, rien ne serait plus simple que
la construction et plus aisé que l'emploi en cas de besoin ; je passe.

La figure suivante représente un autre modèle.

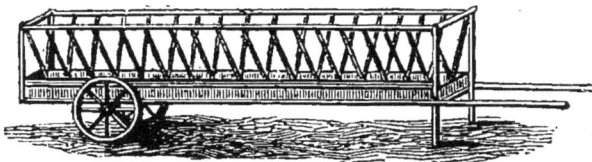

Fig. 31. — Râtelier-brouette.

En les dénommant exactement tous deux, on les différencie suffisamment. Je viens de mentionner le

7

râtelier-coffre, voici maintenant le *râtelier-brouette* (*fig*. 31). Celui-ci, fort en usage dans quelques contrées pour les parcs et les bergeries, peut être introduit tout rempli de fourrage dans les intérieurs. Sa longueur varie entre 3^m,50 et 4 mètres. Il constituerait, pour de petites distances, un moyen de transport assez commode.

Il peut être intéressant de savoir comment on entend, en Allemagne, l'importante question du râtelier. M. Aug. de Weckherlin, auteur estimé entre tous pour sa science profonde et pour son expérience pratique, en a parlé dans les termes suivants :

« Voici ce qu'on doit exiger des râteliers :

« Il faut qu'on puisse y placer commodément aussi bien le fourrage long que le fourrage court, tel que la paille hachée, les grains, les pommes de terre, sans qu'il tombe rien au dehors.

« Les moutons ne doivent pas pouvoir sauter dedans par le haut, ni pouvoir commodément arracher du fourrage par-dessus le râtelier.

« Quand les moutons mangent, il ne faut pas que le fourrage leur tombe sur le cou; car la laine mêlée de fourrage est peu estimée par le fabricant.

« Les râteliers doivent prendre le moins de place possible, être facilement transportables, très-simples; par conséquent peu coûteux, mais pourtant solides.

« Outre les râteliers communs, je connais différentes espèces de râteliers longitudinaux et doubles, au moyen desquels on a cherché à obtenir plus ou moins ces avantages.

« 1. Le râtelier usité à Hohenheim, qui correspond à celui que Block recommande.

« Les fuseaux sont légèrement penchés au dehors vers le haut ; au-dessus des fuseaux se trouve une planche qui ressort en dehors ; une autre planche qui descend jusqu'à la moitié de la hauteur des fuseaux empêche que la nourriture ne tombe sur le cou des moutons. Entre les deux rangées des fuseaux, une selle sépare le fourrage de chaque côté ; en dessous, une crèche légère reçoit la nourriture qui tombe ainsi que la nourriture courte. Cette crèche remplit toutes les conditions exigées, pour autant qu'il soit possible de les réunir.

« 2. Le râtelier introduit à Achalm. Les fuseaux sont placés perpendiculairement ; on évite ainsi encore mieux que la laine ne se salisse. Mais ce râtelier est moins facile à transporter à cause de son poids ; son prix d'acquisition est assez élevé.

« 3. Les râteliers à châssis mobiles se relevant et s'abaissant, sans fuseaux. J'ai vu ces râteliers dans beaucoup de domaines de la Marche ; il en existe encore en Transylvanie, en Bohême.

« Quand on donne du foin ou de la paille, les châssis sont inclinés en dedans vers le haut. De cette manière, le fourrage est plus difficile à saisir par le haut, et tombe moins facilement sur les moutons. Par contre, ces châssis n'ont point de fuseaux, mais trois traverses, de sorte que les moutons peuvent passer la tête assez loin et saisir beaucoup de fourrage à la fois. Il se gaspille ainsi une certaine quantité de nourriture, et la laine peut se salir. C'est pourquoi ils conviennent mieux pour la paille que pour le foin, parce que le gaspillage de la paille est moins préjudiciable. Quand on a fini avec le fourrage long, ou quand on veut donner des pommes de terre, on relève les châssis. Lorsqu'on nourrit plusieurs fois par jour avec des pommes de terre, cela exige encore un travail assez considérable.

« Les avantages qu'on pourrait trouver dans ces râteliers, c'est qu'ils se démontent; ils sont, par conséquent, plus portatifs et peut-être moins coûteux.

« Quand on emploie beaucoup de paille, il peut devenir convenable de laisser passer la tête plus loin, pour que le mouton fouille dans la ration.

« 4. Des râteliers sans pieds, disposés de manière à pouvoir être relevés et abaissés par des cordes. (On pourrait appliquer cette disposition à chacune des espèces de râteliers que nous avons décrits, pourvu qu'ils ne soient pas trop lourds.)

« Le but de ce râtelier est d'épargner de l'espace dans la bergerie ; car, après chaque repas, on relève les râteliers, et les moutons ont plus de place pour se mettre au large.

« Mais cela exige beaucoup de main-d'œuvre, la construction est coûteuse et peu solide ; encore faut-il que la bergerie soit disposée spécialement pour ces sortes de râteliers. Un autre inconvénient, c'est que, pendant que les animaux mangent, ce râtelier n'est pas tout à fait fixe.

« Cette espèce de râtelier n'a pas eu le succès qu'en attendaient ceux qui l'ont introduit.

« Outre les râteliers décrits, on emploie encore des râteliers muraux, des râteliers ronds ou octangulaires à l'entour des piliers, tous les deux fixes ou mobiles. Les râteliers muraux sont construits comme les râteliers doubles ; seulement ils ne servent que d'un côté ; ils sont fixés au mur par des broches, qu'on peut placer plus haut ou plus bas selon l'entassement du fumier. Les râteliers ronds conviennent surtout pour suppléer au défaut d'espace qu'offrent les râteliers doubles et les râteliers muraux relativement à la superficie de la division respective.

« Il ne suffit pas de donner aux moutons suffisamment de place dans l'étable, il faut encore que les râteliers correspondent en longueur au nombre des animaux, de sorte qu'il n'y ait ni excès de place dans l'étable, ni excès de longueur des crèches. En moyenne, on doit compter par mouton de taille moyenne une longueur de crèche de 1 pied ($0^m,324$), ou mieux de 1 pied 2 pouces ($0^m,378$), quand on veut éviter que les moutons ne soient trop serrés ou ne sautent les uns sur les autres. Pour les râteliers ronds, on peut compter moins d'espace à chaque animal, puisque l'arrière-train du mouton trouve naturellement un espace plus large. »

Le lecteur n'aura remarqué aucune dissidence. Les besoins étant les mêmes dans les deux régions, on y a pourvu de la même manière de ce côté-ci du Rhin et de l'autre, ou du moins on demande aux éleveurs arriérés d'y pourvoir de la même façon.

— J'arrive aux séparations, à ces divisions de l'intérieur qui marqueront le terme de ma course à travers les bergeries.

Lorsque les compartiments doivent rester toujours les mêmes, on en détermine le contour fixe par la construction de petits murs de $1^m,30$ à $1^m,50$ de hauteur, le long desquels on place les crèches.

Ce mode de séparation a l'inconvénient de ne se prêter à aucune éventualité ; sa fixité en fait l'infériorité, on ne l'emploie donc que rarement et l'on a raison. Les crèches doublières offrent un moyen bien plus commode, j'allais dire élastique, de former des divisions appropriées aux exigences du moment ; aussi les adopte-t-on dans la plupart des cas, et l'on fait bien, en général, de les préférer à toute autre nature de cloisons. C'est aussi le sentiment de M. Barbier qui en a parlé ainsi : « Des claies tressées ou à baguettes, des clôtures à claire-voie, remplissent également bien le but. Les murs sont coûteux, prennent du terrain, interceptent l'aération et ne permettent aucune de ces modifications que réclame si fréquemment le mouvement d'une bergerie. Avec une dépense moindre, les cloisons minces dont parle Morel de Vindé ont les mêmes inconvénients.

« Une bergerie doit être libre dans ses aménagements ; ses divisions intérieures sont arbitraires. Elles ne peuvent s'établir *à priori,* et elles doivent s'agrandir ou se resserrer à volonté. Il est nécessaire d'avoir, pour ces besoins, un approvisionnement suffisant de claies ou de clôtures telles que celles de la figure 32. On leur donne environ $1^m,20$ de hauteur sur $4^m,50$ de longueur. Les montants sont espacés de $1^m,50$. Au pied des deux montants intermédiaires, le limon est encastré et maintenu par deux coudes en fer dans une semelle transversale de $0^m,50$ de longueur. Les deux montants d'extrémité reçoivent, de chaque côté, un bras de force en forme de pied de banc. Enfin deux cordes fixées au plafond les consolident à chaque extrémité.

Nous indiquons ces dispositions pour le cas où le sol de la bergerie serait muni d'une couche imperméable qu'on ne doit pas percer. Dans le cas con-

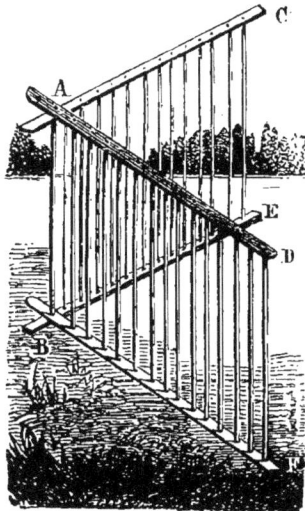

Fig. 32. — Clôture brisée à charnière.

traire, on consolide ces clôtures simplement en les attachant à deux pieux fichés dans le sol.

Lors de l'agnelage, il arrive fréquemment que des mères réclament de l'isolement et des soins particuliers. La clôture à charnière (*fig.* 32) nous a rendu dans ces circonstances les plus grands services.

Nous devons à notre maître berger la connaissance de cet ingénieux et bien simple appareil. Il se compose de deux petites claies légères à baguettes, BACE, BADF, de 1ᵐ,75 de longueur chacune sur 1ᵐ,10 de hauteur, assemblées à charnières selon AB par l'un de leurs fuseaux. On les place, ouvertes à angle droit et successivement, à partir d'un angle de mur. L'une, BACE forme la séparation et est attachée selon CE au râtelier. L'autre se développe comme une porte. Elles constituent ainsi une série de petites cellules dont chacune peut contenir une mère et un ou deux agneaux. »

Ne pouvant dire plus ni mieux, je me félicite d'avoir fait ce nouvel emprunt à l'excellent travail de M. Barbier. Je dois néanmoins compléter, encore d'après lui, les indications relatives aux portes intérieures

Fig. 33. — Porte intérieure, à claire-voie, se haussant à volonté.

dont le jeu serait bientôt gêné ou même tout à fait empêché par l'exhaussement du fumier si on ne les établissait pas d'une certaine façon, de manière à pouvoir les exhausser elles-mêmes à volonté. J'en trouve deux variétés.

La première (*fig.* 33), qui se comprend sans aucun effort d'imagination, fait partie d'une cloison à claire-voie. Elle est suspendue par ses traverses à une tringle de fer *aa* boulonnée sur le cadre de la cloison qu'elle dépasse d'environ 0ᵐ,75, et qui n'est en quelque sorte qu'un gond très-allongé. La légèreté de cette porte permet de la soulever facilement.

La seconde (*fig.* 34) est placée dans un mur de séparation entre deux bergeries. Le système est le même : une tringle de fer *bb*, dans laquelle roulent et glissent les paumelles de la porte, est scellée dans le mur de gauche, et dans le mur de droite une autre tringle *cc* reçoit, sur toute sa hauteur, le verrou *d*. Enfin une chaîne de fer boulonnée à sa paumelle supérieure passe sur une poulie, vient se fixer à un crochet scellé dans le mur, et maintient la porte suspendue à la hauteur voulue.

Fig. 34. — Porte intérieure se haussant à volonté.

e. La citation empruntée plus haut à M. de Weck-

7.

herlin se termine par un sujet important sur lequel je dois revenir parce qu'il ne me semble pas avoir été traité avec tous les détails qu'il comporte. Il s'agit de la place à réserver, à la crèche, à chacun des habitants d'une bergerie.

Ce point très-essentiel, et vraiment nous n'en avons guère abordé de secondaire jusqu'ici, ce point a été, pour M. Barbier, l'objet d'un examen très-attentif, d'une étude très-approfondie. Le lecteur ne gagnerait rien à ce que je recommence pour lui une étude toute faite et bien faite. J'aime mieux copier l'auteur compétent à qui a été confié l'article Bergerie de l'*Encyclopédie pratique de l'agriculteur*, article où les chiffres raisonnés abondent et où s'accumulent les preuves en faveur de la nécessité de faire bien.

« Le développement des crèches et leur espacement, dit M. Barbier, doivent être proportionnés au nombre et à la taille des animaux. Les auteurs ne sont pas parfaitement d'accord sur ces dimensions. Sans indiquer celle de la place à la crèche, Tessier attribue en surface $0^{m2},84,42$ pour une mère et son agneau, $0^{m2},63,31$ pour une brebis sans agneau et un mouton adulte, $0^{m2},73,86$ pour des béliers à larges cornes, et seulement $0^{m2},52,76$ pour les agneaux antenois. Dans la bergerie qu'il donne comme un modèle, l'espacement entre les crèches n'est que de $3^m,30$ d'axe à axe. Si on compte $0^m,40$ pour la largeur de chaque crèche, il ne reste que $2^m,30$ entre elles.

« Ces chiffres sont trop faibles.

« Morel de Vindé donne, pour chaque adulte à la

crèche, une largeur de $0^m,32$ aux femelles, et $0^m,40$ aux mâles ; et, en surface, $1^{m2},05$ pour une brebis et son agneau, et $0^{m2},63,31$ pour chaque bête adulte.

« De Perthuis admet également $0^{m2},36$ en moyenne pour la place à la crèche. Il calcule sur une largeur de crèche de $0^m,50$ pour un animal adulte, et en conclut à une largeur de 4 mètres pour une bergerie à deux rangs de crèches simples, ou deux longueurs de mouton. Si on suppose le développement de chaque crèche égal à 10 mètres, les deux crèches pouvant (à $0^m,36$ par tête) recevoir 55 bêtes, on aura 40 mètres carrés de surface, qui, divisés par 55 têtes, ne donnent pour chacune que $0^{m2},72$; ce qui est également insuffisant.

« Les races françaises présentaient autrefois des différences considérables sous le rapport du développement des animaux. Tandis que les petites races du Berri, du Bocage, de la Sologne, de la Provence, ne mesuraient guère que $0^m,55$ à $0^m,65$ (de la tête abaissée verticalement à la naissance de la queue), celles de la Picardie, de la Beauce, de la Champagne, de la Bresse, du pays de Caux, du Roussillon, avaient de $0^m,95$ à $1^m,10$, et celles des Flandres, de l'Alsace, atteignaient de $1^m,50$ jusqu'à $1^m,60$. Aujourd'hui les extrêmes se sont rapprochés. A peu d'exceptions près, les grandes races sont abandonnées et les petites ont grandi par un meilleur régime. On n'est pas loin de la vérité en admettant que la longueur moyenne des bons troupeaux actuels est comprise entre 1 mètre et $1^m,20$. Encore ce dernier chiffre ne se rencontre guère que dans les croisements du dishley avec nos fortes races, et on peut le regarder comme un maximum.

« Soit donc la longueur moyenne d'un mouton égale à $1^m,10$. A la crèche, il prend $0^m,20$ sur la largeur de cette crèche, et n'occupe plus que $0^m,90$. Si, comme l'indique Morel de Vindé, on n'espace les crèches que de $3^m,30$, il ne restera libre derrière les animaux que $0^m,50$. Leur circulation est gênée, et on sait combien ils aiment à changer de place pendant leur repas. L'espacement de 4 mètres, indiqué par M. de Perthuis, a été admis par Grignon. C'est aussi celui que nous avons adopté. Il laisse libre de $1^m,10$ à $1^m,20$, c'est-à-dire au moins une longueur d'animal. Quant à la place à la crèche, il convient de lui donner $0^m,45$ pour les adultes, et $0^m,50$ pour les brebis portières, si on veut éviter les froissements qui peuvent provoquer des avortements. Dans une construction neuve, destinée à un troupeau d'élevage, et avant d'avoir pris les dispositions particulières à chaque classe, on peut, sans inconvénient, prendre comme base générale 1 mètre carré de surface par tête et $0^m,45$ de largeur au râtelier.

« La surface étant déterminée pour un troupeau donné, la forme sous laquelle on l'obtient n'est indifférente ni au point de vue du service ni au point de vue de l'économie de la construction.

« En principe, toutes les fois qu'on ne demande à un bâtiment que de la surface ou du cube, on doit lui donner la plus grande largeur possible. Sous ce rapport, les nouvelles méthodes de construction dues aux travaux des chemins de fer offrent à l'architecture rurale d'excellents modèles et de précieuses ressources.

« La principale dépense consiste, en effet, dans le développement des murs de périmètre. Il résulte, de l'adoption presque exclusive de la figure parallélogrammique, que, plus on rapproche les deux grands côtés, plus la surface intérieure diminue. Un bâtiment de 50 mètres de longueur sur 5 mètres de largeur produit en surface 250 mètres, et ses murs développent 110 mètres. Avec 25 mètres de longueur sur 10 de largeur, il produirait également 250 mètres, tandis que ses murs ne développeraient que 70 mètres, ou près de moitié de moins que le premier. De même, par 50 mètres sur 10, on obtient 500 mètres de surface, avec un développement de murs de 120 mètres seulement, c'est-à-dire de très-peu supérieur au bâtiment de 5 mètres de largeur, qui ne produit que 250 mètres superficiels ou moitié. Nous reviendrons sur ce sujet par un exemple de construction.

« La disposition des crèches et l'ouverture des portes ont une importance analogue comme économie d'emplacement. Admettons une largeur de 4 mètres, que nous avons trouvée suffisante pour deux rangs de moutons, et supposons que les crèches occupent le périmètre des murs, il restera libre, derrière les animaux, un espace de $1^m,10$ à $1^m,20$ très-suffisant pour la circulation. Toute la surface sera utilisée si l'entrée est dans l'axe du pignon, tandis qu'on perdra la largeur de trois bêtes si elle est ouverte dans la gouttière. Qu'au contraire on installe au milieu une crèche doublière, l'espace libre se divise en deux, et il ne reste de chaque côté que $0^m,55$ à $0^m,60$. Dans ce cas, qu'elle soit dans le pignon ou dans la gouttière, la porte fera perdre la largeur de six têtes.

« Si, portant, la largeur à 6 mètres, avec des portes dans la gouttière, on dispose d'abord des crèches simples au périmètre, et ensuite, dans le sens de la largeur, des doublières poussées jusqu'aux murs du fond, chaque angle perdra, de chaque côté, une longueur de crèche égale à deux longueurs d'animal, plus la largeur de la crèche; soit au moins $2^m,50$, ou 5 mètres par angle, c'est-à-dire la place de dix têtes, à raison de $0^m,50$ pour chacune.

« Il est aussi inutile de multiplier ces exemples que de les traduire par des dessins. Ce que nous venons de dire suffit pour faire comprendre les conséquences des dispositions vicieuses que l'on rencontre encore trop fréquemment. »

f. Les animaux qu'on doit tenir en box, les béliers, par exemple, ont plus d'exigence. Le moins d'espace qu'on puisse leur accorder est $1^m,25$ sur 2 mètres. Lorsque les boxes sont en nombre, il est bon de les établir sur un couloir de service par lequel s'accomplissent les distributions de nourriture; sur la face opposée, on complète un aménagement modèle en établissant un petit parc pour les sorties journalières. Ces enceintes sont déterminées au moyen de palissades, de claies ou de treillages, ou bien encore de murs circulaires ou autres, en forme de brise-vent, avec plantations extérieures ou intérieures d'essences ar-

bustives appropriées et destinées à fournir un abri
suffisant — en été, contre les fortes chaleurs, — en
hiver, contre la violence des vents dominants.

g. La valeur de nos troupeaux est si considérable, il
serait si utile de l'accroître encore, que je n'hésite pas
à traiter dans une mesure rationnelle les quelques
points d'hygiène qui tiennent de plus près à l'habitation même du mouton. C'est à ce titre que je parlerai
des abreuvoirs intérieurs et des moyens de les alimenter. Souvent, écrit M. Barbier, on se contente de placer de distance en distance des baquets ou des auges
en bois que l'on remplit au seau, et que l'on trans-
porte à l'extérieur pour achever de les vider et pour
les nettoyer avant de les remplir à nouveau. Quelque
peu pénible en soi, ce service peut être négligé à divers degrés par des bergers peu soigneux. L'eau, souvent salie, trop rarement renouvelée, s'altère et s'infecte.

Jusqu'ici, rien à reprendre ; mais M. Barbier ajoute
d'autres considérations que je n'accepterai pas entières :

« Dans une disposition bien entendue, les auges
sont fixes. On les place avantageusement dans l'em-
brasure des fenêtres, où elles ne gênent en rien la circulation. Une pompe les alimente soit directement,
soit par l'intermédiaire d'un réservoir supérieur, au
moyen d'un tuyau courant le long des murs, pourvu
d'un robinet à chaque auge. Un drainage souterrain conduit les eaux de vidange à l'extérieur. Afin d'éviter que
les débris de paille ou de fourrage ne s'engagent dans
le drainage, chaque orifice de vidange est muni d'une

calotte grillée que traverse la tige du tampon. Les auges ne doivent pas avoir plus de $0^m,40$ de profondeur. On les installe sur le sol, afin de prévoir l'exhaussement du fumier.

« A défaut d'un cours d'eau, un bon puits est un trésor pour une ferme; mais toutes les situations ne sont pas également bien partagées sous ce rapport. Les meilleures contrées pour l'élevage du mouton sont quelquefois complétement privées de cette ressource. Des mares où l'on dirige l'eau des chemins et des champs peuvent, dans ce cas, suffire à tous les besoins. L'eau que fournissent ces dernières est des plus pures. On ne doit pas hésiter à en construire, au moins pour l'alimentation du personnel, toutes les fois que l'eau des puits n'est pas de bonne qualité. Nous voulons ici éclairer les données d'approvisionnement pour une bergerie en supposant les plus mauvaises conditions, celles où la citerne serait chargée de fournir, pendant l'année entière, à tous les besoins du service.

« En comptant l'eau salie ou perdue, la dépense annuelle minimum d'un mouton est d'un mètre cube. Pour calculer la surface couverte qui peut fournir cette quantité, il faut connaître la hauteur d'eau qui tombe dans la localité pendant les années les plus sèches. La répartition des pluies, selon le pays et les saisons, présente des variations si considérables, qu'il est indispensable de s'entourer, à cet égard, des renseignements locaux les plus minutieux. Pour le cas où on serait forcé de se contenter de données approximatives, on peut admettre qu'il est bien peu de loca-

lités en France où les années les plus sèches ne fournissent pas 350 litres par mètre carré. Une surface de
3 mètres par tête suffirait alors aux cas extrêmes. Il en
résulte qu'il faudrait trois fois plus de surface couverte
pour alimenter d'eau une bergerie que pour loger le
troupeau. D'autres bâtiments, tels que les hangars, les
magasins à fourrages, etc., seront alors appelés à fournir le supplément. Ces circonstances doivent être pré-
vues dans la construction. »

Je donne mon plein assentiment à la seconde partie
de ce passage, mais le lecteur sait déjà les réserves que
je fais quant à la première. Les robinets dans un intérieur, si bien établis qu'ils soient, et quoi qu'on fasse,
y entretiennent toujours un certain degré d'humidité
Or, je veux encore le répéter une fois, l'humidité est
le plus grand ennemi du mouton. Une circonstance,
très-atténuante ici, c'est le drainage souterrain par lequel doit s'écouler au dehors jusqu'à la dernière
goutte d'eau. Eh bien, cette précaution même ne me
rassure pas complétement, et je demanderai toujours
que les animaux soient habituellement abreuvés au dehors ; par exception seulement, par nécessité absolue,
on fera différemment, et alors on s'ingéniera à procéder de telle façon que le moins d'eau possible soit
perdue, répandue et séjourne dans l'habitation.

h. Je me range plus facilement à ces dernières recommandations de l'auteur : « Nous regardons comme
avantageux de prévoir un bâtiment spécial pour une
famille de bergers. Indépendamment des ressources
de main-d'œuvre qu'elle peut procurer, le service des

gens mariés est meilleur, offre plus de garantie ; les mutations sont moins fréquentes, et on sait que le troupeau gagne rarement à changer souvent de conducteur. Mais, même dans ce cas, on n'en doit pas moins disposer, dans la bergerie, un emplacement suffisant pour liter un ou deux aides. Une surveillance nocturne est toujours utile. Elle devient indispensable à l'époque de l'agnelage. On se contente souvent d'une soupente attachée au plafond, afin d'en utiliser le dessous. Cette économie est rachetée par de nombreux inconvénients. D'ailleurs, quand on s'efforce de procurer au troupeau un logement convenable, c'est le moins qu'on agisse de même à l'égard du berger.

« Un magasin temporaire, une chambre destinée à la préparation des provendes, une infirmerie, des compartiments spéciaux pour les brebis portières, pour les agneaux après le sevrage, et surtout pour les béliers, doivent également être prévus dans l'aménagement intérieur d'une bergerie. En tout ceci, l'économie de la surface reste subordonnée aux convenances et à la facilité du service. »

i. Et maintenant un mot qui me justifie auprès du lecteur. J'ai accordé une très-grande importance à l'habitation du mouton, une importance égale à celle que j'ai précédemment accordée au logement du cheval et à celui des bêtes bovines. — Est-ce sans motif plausible ? Non, malheureusement. Je ne suis que trop autorisé à parler ainsi. La statistique a révélé des faits considérables et donné un enseignement qu'il faut recueillir avec soin.

Deux recensements officiels du bétail, en France, opérés à cinq ans de distance, en 1852 et en 1857, montrent que la population ovine y a diminué dans une proportion désastreuse, que de 33 millions et demi en 1852, elle est descendue, par le fait de maladies ou d'avortements, au chiffre réduit de 27 millions 185,000 têtes. La perte totale s'est donc élevée au 1/5 environ de l'effectif dans un laps de temps relativement fort court et dans une proportion que n'ont jamais atteinte dans un pareil intervalle, loin sans faut, les augmentations successives mais lentes des périodes antérieures.

C'est que, il faut bien insister sur ce point essentiel, les bergeries ne s'étaient ni améliorées ni accrues en raison même des besoins de la population. Leur insuffisance s'est donc trouvée au nombre des causes les plus actives des maladies dont l'invasion a déterminé une aussi grande et aussi prompte mortalité. Les contrées le plus cruellement flagellées sont précisément les plus pauvres, celles où l'on a eu le moins de ressources pour bâtir, où, par conséquent, les animaux entassés ont rencontré les pires conditions de logement : le manque d'espace et d'air.

Une perte de 6,325,000 têtes en cinq ans ! C'est là un gros chiffre ; c'est un malheur qui atteint à la fois les fortunes privées et la richesse nationale, qui porte une notable atteinte à l'agriculture et à l'alimentation publique.

Je livre le fait aux méditations des optimistes, et, puisque je suis sur ce chapitre, qu'il me soit permis

de reproduire à cette place un excellent article d'une
feuille périodique, *le Journal d'Avranches*, qui m'arrive fort à propos au moment où je viens d'écrire
ceci. Il ne fera point hors-d'œuvre, bien qu'il s'agisse
des étables. De celles-ci à la bergerie, il n'y a pas toujours l'épaisseur d'un mur, et la santé des habitants
des unes et des autres, également précieuse pour l'é-
leveur, s'y conserve pleine et entière, ou s'y altère
par les mêmes moyens, sous les mêmes influences.

Je laisse parler l'écrivain du *Journal d'Avranches*, et
j'applaudis à son utile enseignement.

« Dans le moindre village flamand, dit-il, près de la
pauvre cabane, arrêtez-vous un instant, vous verrez
bientôt entrer ou sortir de belles vaches, au poil lui-
sant, à la mamelle blanche et nette. Visitez la Belgique, la Hollande, la Suisse, l'Angleterre, partout
mêmes soins d'entretien, même apparence de vi-
gueur. Pénétrez dans les étables : un sol uni, dallé, ou
pilonné, avec l'inclinaison nécessaire à l'écoulement
des urines, une litière bien secouée et débarrassée
d'ordures, des vaches attachées à la crèche de manière à ce que leur fiente tombe en dehors de la litière, le fumier enlevé chaque matin et jeté dans la
fosse qui reçoit le *purin*, des murs recrépis et blanchis.

« Revenez en France : quelques provinces rappel-
lent les bons usages flamands. En Beauce, en Picardie,
des étables contenant 40, — 50 vaches, sont vastes,
commodes, bien aérées, entretenues avec une minu-
tieuse propreté. Dans les environs de Chartres une
pièce réservée au bout de l'étable sert de salle de

réunion pendant l'hiver ; et, le dimanche, on y cause, on y danse, séparés des animaux par une cloison à hauteur d'appui. Leur haleine y maintient une douce chaleur, précieuse ressource dans ce pays de plaines sans haies, où le combustible est rare et cher.

« De Chartres à Avranches la distance n'est pas énorme. Quel contraste cependant ! Sont-ce des étables que ces cloaques immondes où croupissent pendant un an toutes les ordures du pauvre animal qu'on y renferme ? Debout, il enfonce à mi-jambe ; couché, il plonge dans un sale fumier. Et la ménagère condamnée à remplir la crèche, examinez ses sabots, ses pieds, tout cela ruisselle d'une boue sans nom.

« Quand la malheureuse vache, notre nourrice à tous par son lait, par son beurre, sort de ce dégoûtant réduit pour aller aux champs, pour être conduite en foire, sans les cornes et les mamelles, je vous défierais de dire à quelle espèce elle appartient. De larges plaques d'un enduit verdâtre, formées de couches superposées et durcies, la recouvrent comme une carapace de tortue. Il s'en détache de temps en temps une écaille, entraînant le poil qui la soutenait. Est-elle bringée ? Est-elle moisie ? De quelle couleur est sa robe ? Le vert sale est tout ce qui domine sur une peau rugueuse qui ressemble à celle du rhinocéros.

« Y a-t-il au moins une cause à pareille incurie ? Le laboureur interrogé vous répondra, très-convaincu, que l'herbager achète plus cher une vache ou un bœuf dans cet état, parce qu'il sait que, soumis à un nouveau régime, ils engraisseront plus vite; et que le boucher prend aussi la saleté pour base de son estimation, parce que, revendant la peau au poids, plus elle est garnie de fumier coagulé, plus elle pèse et plus le tanneur la payera. C'est tout simplement absurde. L'herbager ne verrait-il pas plutôt dans le bon état de la vache ou du bœuf une préparation à l'engraissement? Une partie de sa besogne serait faite, et il payerait en conséquence; tandis qu'il profite de l'aspect misérable du bétail pour diminuer ses offres. Quant au tanneur, il est bien niais s'il ne défalque pas le poids du fumier. Mais que le laboureur et le boucher soient persuadés que le tanneur n'est pas dupe, et qu'il estimera plus cher une peau bien nette.

« Parlons sérieusement; la propreté fait partie essentielle de l'hygiène animale comme de l'hygiène humaine. Elle prévient les maladies, entretient la santé et doit être prescrite par le vétérinaire non moins que par le médecin. La propreté, c'est la vie. A quelle cause attribuer ces engorgements du pied, ces dépouillements de la corne? Au séjour prolongé dans un fumier profond et humide. Et la plupart des maladies de peau? A l'introduction et à la propagation des insectes dans ces croûtes d'ordures desséchées dont les vaches sont enduites. Chaque fois que je vois marcher ces malheureuses bêtes ainsi souillées, défigurées, je me demande si l'on ne devrait pas appliquer à leurs gardiens la loi sur les mauvais traitements infligés aux animaux.

« Est-il donc si difficile, si coûteux de les tenir proprès? Il y a de l'eau, de la paille, une brosse, une étrille, de l'argile partout. Avec l'argile, nivelez les étables au-dessus du sol, après avoir vidé ces amas malsains d'immondices. Séchez la litière, renouvelez-la. A défaut de paille, laissez-les coucher sur le sol, mais sur le sol nettoyé. Lavez-les, bouchonnez-les, étrillez-les. En cinq minutes la toilette d'une vache peut être faite. Employez un quart d'heure, s'il le faut. Ce ne sera pas temps perdu. D'ailleurs vous en perdez bien d'autre. Pourquoi les traiter autrement que vos chevaux? Ne sont-elles pas aussi utiles?

« Et vous, belles dames, qui retenez de vos fermières la provision de beurre, de crème ou de lait, pensez-vous quelquefois à ces mamelles sales et crasseuses, et lavées... quand il pleut? Pensez-vous à ces croûtes dégoûtantes qui tombent dans le vase à traire? Pensez-y, et vous saurez bien engager vos maris à modifier les dispositions de leurs étables, à prescrire au fermier un règlement d'ordre et de propreté, à lui proposer pour exemple les vacheries d'Apilly, de La Crenne et de Balfé. Je ne vous dis pas de construire des chalets; la propreté peut aussi régner dans les cabanes, et sans frais. Encouragez; et les tendances qui déjà se manifestent, deviendront habitudes, et le progrès s'accomplira. »

Certes, voilà de bonnes idées heureusement formulées. Que de la théorie elles passent dans les faits, et nous n'aurons plus à redouter ces pertes calamiteuses dont je donnais tristement les chiffres un peu plus haut.

La propreté est de mise partout ; elle convient également à tous les animaux, elle nuit au même degré à tous et augmente dans une proportion plus forte qu'on ne le suppose les mécomptes, déjà si nombreux sans elle, de l'élevage.

D — LA PORCHERIE

Tiot, bauge et porcherie. — Une phrase d'Olivier de Serres. — Les besoins du porc. — Un plaidoyer de circonstance. — Il faut être juste envers tout le monde. — Un programme facile à rédiger. — Propreté n'est pas vice. — Le cochon fouille et la poule gratte.

L'habitation du porc prend les noms de toit et de bauge, simple loge, petite box isolée à l'usage de toutes les petites éducations qui se font de cet animal, heureusement très-répandu. L'appellation plus ambitieuse ou plus large de porcherie s'applique mieux aux éducations d'une certaine importance, car elle donne l'idée d'un établissement plus ou moins considérable.

La porcherie semble donc plus spécialement constituée par la réunion convenablement agencée de plusieurs loges à cochons.

« Comme l'on ne peut espérer bon vin, quoique de bonne matière, a judicieusement écrit notre vieil Olivier de Serres, le séjournant dans de mauvais tonneaux ; ainsi c'est se décevoir, que de cuider profitablement nourrir des pourceaux, sans les loger selon leur naturel. Ce bétail est sale, aimant les bourbiers et marets pour s'y veautrer ; c'est pourquoi plus profite-t-il en humide pays qu'en sec. *Mais cela s'entend pour*

8

la campagne : car, quant au logis, il veut coucher à sec, sur litière nette ; autrement ne pourra-t-il se multiplier, non pas même vivre qu'en langueur. »

Il était facile de trouver dans ces quelques mots le programme raisonné d'une bonne habitation du porc. Au lieu d'entendre ce simple exposé suivant sa signification rationnelle, on est allé à contre-sens et on a fait en général la demeure habituelle de ce pauvre animal aussi malpropre et aussi insalubre que possible. En prenant le contre-pied de toutes choses ici, on serait sûr de faire mieux, c'est-à-dire de faire bien.

Je ne vois, pour ainsi parler, que des contradictions en ce qui touche l'espèce porcine et, sans compliment, je trouve ceci fort étrange. Son utilité au moins n'est pas contestée ; on ne la nie pas parce qu'on ne nie pas l'évidence. Ce n'est pas assez ; à défaut de bienveillance, je réclame la justice. « Nulle sympathie ne s'attache à cet animal, dit **M.** le marquis Élie de Dampierre dans l'*Encyclopédie pratique de l'agriculteur.* Cependant, le pauvre sait bien tout ce qu'il vaut, parce qu'il a appris à mesurer à quel point il répond à ses soins, à son affection, combien les dépenses de son élevage, de son entretien et de son engraissement, constituent un bon placement. » Et il ajoute avec le sentiment d'une profonde conviction : « Je voudrais relever le porc de l'injuste abaissement où l'ont mis les préjugés, les erreurs, j'allais dire l'ignorance des gens du monde. On prête à ce pauvre animal les goûts les plus dépravés, une sordide saleté, et un penchant à la férocité bien démontré par les histoires horribles qu'on se plaît à raconter

sur son compte. Buffon dit : *Le cochon est l'animal le plus
brut, toutes ses habitudes sont grossières, tous ses goûts
immondes.* Je ne prétends pas certifier absolument le
contraire, mais je crois que l'illustre savant a mal défini en ces termes, le porc domestique. L'homme aurait mauvaise grâce à reprocher au porc sa merveilleuse disposition à absorber et à s'assimiler la nourriture la plus dédaignée par tous les autres animaux, à
appeler dépravation de goût une absence complète de
délicatesse de cet organe, qui lui permet de manger
sans dégoût toutes sortes de matières qui se transfor-
ment en chair et en graisse, et qui sans lui resteraient
absolument sans emploi. On devrait admirer cette organisation vraiment providentielle qui transforme en
or et en argent les résidus les plus dédaignés, les plus
abjects, les plus dénués de valeur de toutes les industries. C'est là, en effet, une machine merveilleuse qui
de rien fait quelque chose, et qui renouvelle ce miracle
tous les jours, sous nos yeux, au grand profit des populations les plus dignes par leur situation de l'intérêt
et des préoccupations des penseurs et des politiques.

« Qu'on ne reproche donc pas au porc sa gloutonne-
rie et le peu de délicatesse de son palais ; ce sont là
précisément les grandes et précieuses qualités qui font
son immense et incomparable mérite.

« On voit le porc se vautrer avec délices dans la
boue et rechercher les lieux humides pour s'y coucher; on en induit qu'il aime la malpropreté. Ce n'est
pas la malpropreté et la boue qu'il recherche, c'est
l'eau, l'eau propre qui semble comme indispensable

à sa santé et qu'on n'a jamais soin de lui fournir. Entre la boue et l'eau il n'hésiterait pas, mais faute d'eau il prend la boue, parce qu'il lui faut de l'humidité et que le contact de la saleté importe peu à son cuir épais. Le porc est nageur excellent et il se plaît si bien dans l'eau la plus profonde qu'on a peine à l'en faire sortir une fois qu'il y est. Si parfois il hésite ou même s'il se refuse à entrer dans une mare, ou dans une rivière, c'est que mare et rivière sont encore pour lui des inconnues ; une fois qu'il y a touché cependant, il y revient avec une véritable passion qui est l'indice de son penchant naturel. Dans la porcherie la mieux tenue que j'aie connue, les animaux étaient lavés tous les jours, ils avaient des bassins à leur disposition, et leur état de santé avec un pareil régime était resplendissant : ces bains journaliers donnaient à leur peau un caractère de fraîcheur et de souplesse que je n'ai vu que là. »

Ces considérations ne sont point étrangères au sujet, elles y tiennent de très-près, au contraire, car, lorsqu'on a fait connaissance intime avec un animal, on sait ses mœurs, ses habitudes, ses besoins, les attentions de toutes sortes qu'il réclame pour prospérer, pour atteindre à son plus haut degré de perfectionnement et donner la somme de produits la plus haute. Eh bien, ce que nous savons de l'espèce me permet de dire ceci, par exemple :

Il faut au porc une température moyenne, aussi uniforme que possible, car il craint également les extrêmes de chaud et de froid. On contribue donc essentiellement à son bien-être lorsqu'on le tient chaudement en hiver et fraîchement en été, expressions à signification relative qui se confondent dans un même fait — l'uniformité d'une température moyenne. On combat le froid par les bonnes dispositions de la demeure et l'abondance de la litière ; on prévient les effets contraires ou nuisibles des fortes chaleurs par l'ombrage, par les courants d'une ventilation efficace, par les bains. Cette dernière exigence est satisfaite par la proximité d'une mare appropriée lorsqu'il n'y a pas, dans le voisinage, de cours d'eau naturel.

Il faut de l'eau au porc, en été, ainsi que l'a si bien dit M. le marquis de Dampierre. Il aime la propreté, ainsi qu'en témoigne le soin avec lequel il dépose ses excréments non au hasard, dans sa demeure, mais en un coin toujours le même de sa loge, le seul qu'il ne fréquentera qu'à cette occasion. On admire certains chevaux qui agissent de même lorsqu'ils vivent en liberté dans une box, mais les chevaux qui se comportent ainsi ne font qu'une exception, tandis que tous les porcs, qu'on qualifie pourtant de bêtes immondes, refusent de se coucher sur leurs ordures et souffrent de la malpropreté qu'elle entretient dans leur bauge lorsqu'elle est trop étroite ou mal tenue. Donc, le fait est avéré, et nous ne devons pas le mettre en oubli, le porc aime la propreté. A défaut de bains, des lavages journaliers lui plaisent beaucoup ; il s'y prête volontiers, il vient même les chercher à l'heure accoutumée, et par là, sans conteste, témoigne du bien qu'il en ressent.

8.

Cela n'empêche pas qu'il ne redoute, autant qu'aucun animal quelconque, l'influence persistante de l'humidité à laquelle il faut donc attentivement et systématiquement soustraire sa loge.

Au fond, et pour toutes les espèces, ce sont toujours les mêmes besoins en ce qui touche à la salubrité.

Le porc présente cependant une particularité. Son instinct le porte à fouiller incessamment le sol, à bouleverser conséquemment, à détruire même tout ce qui est à sa portée. Il fouge comme la poule gratte. Il en résulte l'obligation de donner une grande solidité à son habitation.

1. — LES CONDITIONS SPÉCIALES.

Les contradictions. — Intimité et voisinage. — Minou-Minou. — La meilleure exposition. — Les conditions d'espace. — *Tot capita, tot sensus.* — Interprétations. — A la recherche de la vérité. — Les besoins du service.

Les considérations relatives à la situation de la porcherie, aux dimensions à donner à chaque loge, aux exigences particulières du service appartiennent à ce paragraphe.

a. Sous le rapport de l'emplacement, les conditions à remplir paraissent quelque peu contradictoires. Consommant les restes de la cuisine et les résidus de la laiterie, le porc serait bien placé non loin de l'une et de l'autre, mais il dégage une odeur si forte, si désagréable, pourquoi ne le dirais-je pas puisque cela est? qu'il est mieux de l'éloigner et de celle-ci et de celle-là. Si utile et si profitable qu'il soit, il faut bien avouer que son intimité a peu d'agrément, qu'il est, quoi qu'on fasse, un voisin peu commode dont il faut s'écarter autant qu'on peut (1) et qu'il faut néanmoins

(1) Nombre de prolétaires, je le sais bien, je ne le sais que trop, font de leur unique cochon le commensal habituel de leur pauvre demeure. Ils s'y attachent sincèrement et de très-près; ils en font un ami. Cela s'explique, il constitue tout leur avoir. Les

aborder le plus possible afin de ne le négliger en rien.

Qu'on l'établisse donc où l'on voudra, où l'on pourra plutôt, et que les abords de sa demeure soient toujours faciles.

La meilleure exposition, celle où le porc prospère le mieux, est le midi, au moins dans les régions septentrionales, à la condition toutefois de le soustraire à l'action des plus fortes chaleurs et de lui fournir de l'eau en suffisance pour de salutaires baignades. Viennent ensuite le sud-est, l'est, et enfin le nord-est. Les autres sont à éviter avec soin.

A raison des effluves qui se dégagent incessamment de la porcherie, et qui en rendent le voisinage pénible, il faut chercher à la placer, autant que faire se peut, sous le vent qui règne le plus habituellement dans la localité.

b. Les conditions d'espace ont ici une grande im-

---

seules douceurs qu'ils attendent, qu'ils connaîtront peut-être, leur viendront de lui ; les seules tendresses qu'ils dépensent vont à lui. Je n'ai jamais entendu sortir de la bouche de certaines viragos, nées au fond du Limousin, de paroles plus douces, dites d'un ton plus caressant, que celles qu'elles adressent à tout propos à leur *gagnou* (cochon). Elles traitent assez généralement le fruit de leurs propres entrailles avec une énergie quelque peu sauvage, mais elles changent leur voix pour la faire moins rude, elles emploient des expressions tout amicales et spéciales, elles s'humanisent lorsqu'elles parlent au cochon, leur petit chéri, leur *minou-minou*.

Ma phrase paraîtrait étrange à ces dames si elle tombait sous leurs yeux, à supposer qu'elles pussent la lire, mais elle n'en serait pas moins vraie pour toutes autres que pour elles. Dans le plan primitif de la nature, le cochon et la femme n'ont pas été institués pour vivre d'une existence plus rapprochée ou plus gracieuse que celle de la famille propre.

portance à deux points de vue différents, sous le rapport de l'individu, pris isolément, et sous celui de l'ensemble des dispositions ou de l'étendue nécessaire à
un établissement complet. Elles sont essentiellement
variables, cela se comprend de reste, suivant l'âge, le
sexe, la taille, les facilités d'aération et de sortie. Cela
revient à dire que les différences sont extrêmement
considérables, si considérables, en effet, que la
moyenne est difficile à établir même pour des animaux de taille intermédiaire entre celle des grandes
races et celle des petites races. Aussi la discordance
est profonde entre les chiffres posés, entre les indications données par les écrivains les plus autorisés.

Ce point a été particulièrement mis en lumière par
M. J. Grandvoinnet à qui j'emprunte l'étude suivante :

« L'espace occupé par une porcherie, dit-il, dépend
d'un grand nombre de circonstances. Et d'abord il est
indispensable que les porcheries soient disposées de
façon à pouvoir séparer les animaux suivant le sexe
et l'âge, et aussi d'après leur destination, reproduction ou engraissement. Ainsi les verrats, les truies mères, les gorets en sevrage et les porcs d'engrais exigent
des logements séparés et de dispositions ou de gran-
deurs différentes.

« L'exercice, pour les porcs d'élevage, est une condition de santé et d'amélioration, ou du moins de
maintien de la race, dont on doit tenir grand compte
en préparant des emplacements où, par les temps convenables, les jeunes porcs, les truies portières, les verrats, puissent se promener en liberté.

« Les dimensions, largeur et longueur, nécessaires pour que le porc puisse être à l'aise dans sa loge, dépendent de la variété particulière dont il fait partie et de son âge : ainsi les grands porcs anglais ou normands exigeront évidemment plus d'espace que les petits porcs chinois purs ou croisés avec d'autres petites races telles que le porc noir à jambes courbes, etc.

« Un cochonneau n'aura pas besoin de la même place qu'une truie portière ; etc., etc.

« Les auteurs, du reste, ne s'accordent guère sur ce point, comme le prouvent les chiffres du tableau suivant :

AUTEURS.	ESPÈCE PARTICULIÈRE.	SURFACE de chaque loge en mètres carrés.		DIMENSIONS DE LA LOGE.			
				Longueur.		Largeur.	
		Mini-mum.	Maxi-mum.	Mini-mum.	Maxi-mum.	Mini-mum.	Maxi-mum.
		m.	m.	m.	m.	m.	m.
D'après Viborg.......	Grands porcs.	5,4	9 ?	2,50?	3,2 ?	2,75?	2,9 ?
De Perthuis.........	Truie........	3,10?		2,33		1,5 ?	
....	Porc d'engrais	2		2		1	
De Gasparin...	Truie........	3,20	3,50?	2	2,10?	1,60	1,68?
Id...........	Verrat.......	2	3	1,8 ?	2,00?	1,1 ?	1,50?
Id	Cochonneau..	1,3	1,5 ?	1,41?	1,50	1,90?	1,00
M. Méchi..........	Grand porc d'engrais...	0,83	1,01	1,00	1,20	0,83	0,84
Id...........	Petit porc d'engrais...	0,55	0,74	0,88	0,92	0,62	0,80
Ferme de Grignon....	Élevage......	3,6	4	1,90	2	1,85	2
Id...........	Engrais.	3,0	3,60	1,90	2	1,60	1,80

« Entre les dimensions données par Viborg et celles des stalles qu'occupent les porcs d'engrais de M. Méchi, on voit qu'il y a de la marge. Si l'espace accordé par le premier est très-grand, en revanche on peut dire que M. Méchi est descendu au minimum. En effet, comme on peut avoir des porcs d'engrais de 1^m,20 de longueur et de 0^m,60 de largeur, il faut que, pour ce cas, la loge ait au moins cette longueur (1^m,20) et une largeur telle que ce porc puisse s'y coucher : or nous croyons que 0^m,85 suffisent, mais que ce chiffre n'a rien d'exagéré, et ces deux dimensions sont justement celles qui correspondent à la surface 1^m,012 indiquée par M. Méchi pour ses grands porcs d'engrais.

« La différence énorme entre les chiffres du tableau précédent s'explique d'abord, comme nous l'avons dit, par la différence des races, grandes ou petites, par l'âge et par la destination (engrais ou reproduction), mais en outre par la considération du plus ou moins de convenance de l'habitation. Nous nous expliquons. Une loge à porcs bien ventilée, c'est-à-dire dans laquelle le constructeur et le fermier ont préparé des moyens efficaces de renouvellement de l'air, d'une manière constante et dans la mesure exacte des besoins, une loge bien propre, bien disposée enfin, peut avoir une capacité moindre que celle où le manque d'appropriation place les animaux dans un air stagnant, et par suite insalubre ; on pense dans ce cas diminuer l'inconvénient de la viciation de l'air en *augmentant* le cube fourni à chaque animal dans sa loge, c'est-à-dire en donnant à celle-ci des dimensions plus considérables que celles nécessaires au repos pur et simple. Cette méthode, outre l'inconvénient d'augmenter la surface des bâtiments, et par suite leur prix de revient, a l'inconvénient de n'être qu'un palliatif insuffisant, car évidemment il n'y a que le renouvellement efficace de l'air, c'est-à-dire la ventilation, qui puisse conserver constamment dans les logements d'animaux un air pur et frais.

« En résumé, il faut aux porcs d'élevage une loge spacieuse et une cour attenante ; la loge ne doit servir que d'abri pour la nuit ou pour les temps de pluie ou d'orage dans la belle saison et pour une partie du jour dans la saison rigoureuse ; en un mot, les porcs d'élève doivent passer au grand air la plus grande partie de leur temps. On pourra faire des loges ou hangars communs à un certain nombre de jeunes truies ou de gorets ; ce sera une économie bien entendue : il faudra compter alors pour chacun environ $0^m,60$ en surface, et pour la cour une surface triple, ou $1^m,80$.

« La loge d'une truie portière ou nourrice devra avoir au moins 2 mètres sur $1^m,75$.

« Celle d'un verrat sera suffisante ayant 2 mètres de longueur sur $1^m,20$ à $1^m,50$ de largeur.

« Les cours devront avoir ordinairement de 3 mètres à $3^m,50$ de longueur et la même largeur que les loges ; ces chiffres n'ont rien d'absolu et dépendent des circonstances d'emplacement.

« Les porcs d'engrais seront placés dans des loges peu éclairées et des dimensions strictement nécessaires pour qu'ils puissent s'y coucher commodément, mais non prendre trop d'exercice ; il est en outre prouvé qu'un porc engraisse plus vite lorsqu'il est isolé que lorsqu'il mange à une auge commune.

« Les loges d'engrais auront de 1 mètre à 1^m,30 de longueur et de 0^m,75 à 0^m,90 de largeur, suivant que les porcs seront de race plus ou moins puissante et d'un âge plus ou moins avancé.

« Nous aurions pu nous dispenser de justifier la faiblesse des dimensions que nous indiquons pour les porcs d'engrais, en nous contentant de citer l'exemple de M. Méchi, un des agriculteurs les plus distingués de l'Angleterre et dont l'opinion fait pour ainsi dire loi, mais nous tenions à bien poser les principes : en agriculture, les moindres bénéfices sont à rechercher, car ils se multiplient très-vite. Ainsi, dans toute spéculation animale, l'intérêt du prix d'établissement des bâtiments et leur entretien annuel entrent comme dépenses dans le prix de revient de l'engraissement; il y a donc intérêt à diminuer l'espace occupé par chaque animal, puisqu'on diminue ainsi les frais de production et que par suite on augmente les bénéfices nets. Cette considération peut sembler indifférente aux gens superficiels; mais qu'ils songent que quelques *centimes* d'économie sur chaque porc, tant sur le loyer et l'entretien des bâtiments que sur la paille économisée, se totalisent bien vite en *livres sterling* dans des exploitations où, comme chez M. Méchi, les porcs atteignent le chiffre de 200 à 250. »

Ce travail est complet. Je ne veux rien y ajouter, mais j'insisterai sur ceci, à savoir : l'habitation de la truie, la loge du verrat peuvent être largement éclairées, mais non la demeure de la bête à l'engrais, rétrécie à dessein pour provoquer davantage au repos.

Il est à noter enfin que le système cellulaire est, plus que la vie en commun, favorable aux progrès de l'engraissement, tandis que les conditions opposées sont en tout préférables aux produits pendant la période de l'élevage.

c. Le service aussi a ses exigences pour la porcherie de quelque importance, et, par exemple, une chambre pour la préparation de la nourriture, pourvue, cela va de soi, d'un fourneau propre à cuire les aliments : viande, pommes de terre, grains, etc., des cuves pour la fermentation ou le mélange des aliments solides, des réservoirs pour les matières liquides. Cette pièce ne saurait être éloignée, puisqu'elle a pour objet principal d'éviter le plus possible de fatigue aux gens. Dans une construction *ad hoc*, on la fait attenante, et l'on ménage, dans la même intention, les facilités de transport de la paille ou autres matériaux employés en litière.

L'enlèvement des fumiers préoccupe au même titre ainsi que toutes choses du même ordre dont la bonne entente prévient ou le gaspillage des matières ou des pertes inutiles de temps, de main-d'œuvre.

2. — LA CONSTRUCTION.

Évitons et le froid et l'humide. — Dispositions spéciales. — Le bois
et la pierre. — Économisez sur le superflu au profit du nécessaire. — Combles et couvertures. — Divers systèmes de charpente. — Chaume, tuiles et zinc.

Ce n'est pas au point de vue technique, mais au point
de vue de la spécialité de l'habitation du porc que je
parlerai ici de sa construction.

a. Cet animal veut être tenu chaudement et à l'abri
de l'humidité. Pour répondre à ce *desideratum* impérieux, les murs extérieurs de la porcherie, de quelques matériaux qu'on les compose, seront pleins et
secs afin de prévenir, autant que possible, la déperdi-
tion de chaleur en hiver. A ceux qui doivent supporter le poids de la charpente supérieure et que l'on
construit en moellons ou pierres calcaires, on donne
une épaisseur d'au moins $0^m,40$, réduite à $0^m,33$ si
la partie seulement de la charpente doit s'appuyer
sur eux.

Là où le bois n'a pas encore acquis des prix très-
élevés, on peut l'utiliser avec quelque avantage au
même objet. On fait alors les murs extérieurs en pans
de bois, les poteaux principaux ayant de $0^m,12$ à $0^m,15$
d'équarrissage. Les vides, entre les poteaux, sont

hourdés, c'est-à-dire remplis de pierrailles retenues par quelques lattes et mieux de torchis, mélange de terre et de paille hachée. On recouvre le tout d'un enduit de plâtre ou de chaux, ou d'un badigeon quelconque.

Les cloisons séparatives des loges se font de même en bois ou en maçonnerie suivant les localités, ou plutôt suivant le prix des matériaux y compris la main-d'œuvre. Dans tous les cas, on les élève à la hauteur de $1^m,20$ au plus, maximum très-suffisant même pour les plus grandes races.

Les murs en maçonnerie, outre qu'ils sont généralement coûteux, prennent par leur épaisseur, variable entre ces deux chiffres, $0^m,22$ à $0^m,30$, une place qu'il importe souvent de ménager. Les séparations que l'on établirait avec des pans de bois coûteraient à peu près autant, mais elles seraient moins épaisses. Les cloisons en planches brutes placées horizontalement sans assemblage, entre deux poteaux rainurés, seraient assurément suffisantes et les plus économiques. Je reste fidèle à mes principes : économiser sur le superflu au profit du nécessaire.

b. J'arrive aux combles et couvertures, sujet un peu trop spécial pour moi. Aussi consulterai-je, pour en parler sciemment, les travaux d'un homme très-compétent, à qui j'ai déjà fait un excellent emprunt. Voilà qui, en me déchargeant de toute responsabilité, rassurera complétement le lecteur à qui je donne un guide très-sûr.

Lors donc, écrit M. Grandvoinnet, qu'on peut ap-

puyer la porcherie contre les murs libres d'autres
bâtiments de la ferme, les combles sont en appentis,
c'est-à-dire à un seul égout ; et, comme sa largeur ne
dépasse pas 2 mètres pour un rang simple, la toiture
peut être formée de chevrons reposant d'une part sur
une panne faîtière encastrée de quelques centimètres
dans le mur de support, et de l'autre sur une sablière,
pièce de bois plate, placée ou sur le mur de face de
la porcherie, ou assemblée avec les poteaux du pan
de bois, ou colombage remplaçant le mur.

Ce système de charpente est très-économique, mais
il oblige à donner au mur l'épaisseur nécessaire pour
résister à la *poussée* du toit. Il faut alors recourir à des
moyens de consolidation bien connus et qu'il n'est
plus de mon cadre de reproduire ; je passe donc.

Dans les porcheries doubles, avec passage au milieu,
on établit de véritables petites fermes, soit avec des
planches comme on l'a fait à Grignon, soit avec de
petits bois de charpente ordinaires, ce qui est encore
moins cher. On fait alors des fermes semblables à
celle de la figure 35, laquelle est posée sur des murs,
mode de construction ou d'appui qui ne change rien
à l'affaire.

Reste à couvrir la construction. D'après ce qui a été
dit de l'impressionnabilité du porc aux variations de
température, à l'action du froid humide principalement, on ne sera pas surpris que l'hygiène ait une
recommandation spéciale à l'endroit de la toiture de
cette habitation. On veut donc avec raison qu'elle soit
aussi peu que possible conductrice du calorique à

cette double fin : conservation de la chaleur intérieure pendant l'hiver, obstacle à l'élévation de la température intérieure, en été, par l'action de la chaleur extérieure.

Les couvertures en chaume rempliraient plus qu'aucune autre cette double condition, mais comme une foule d'autres choses, ce mode de couverture dispa-

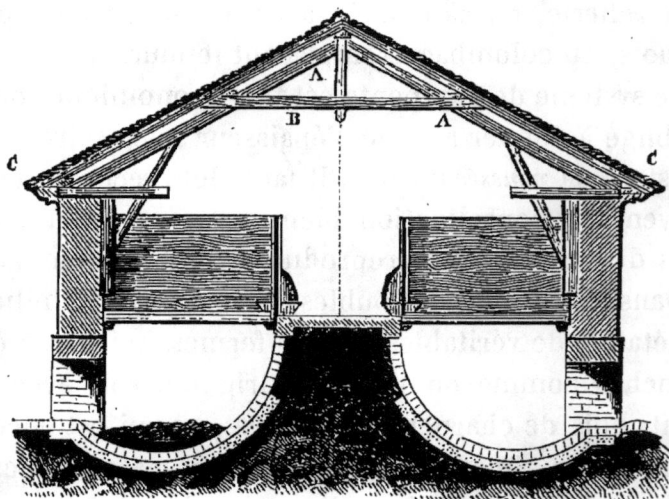

Fig. 35. — Ferme posée sur murs, pour une porcherie double, avec passage au milieu.

raît. A côté de ce simple avantage, d'ailleurs, le toit en chaume a plus d'un inconvénient et on peut le laisser partir sans lui donner plus de regrets que de raison. Cela veut dire, toutefois, qu'il faut éviter d'aller à l'excès opposé et, par exemple, de couvrir la porcherie en zinc. Cet autre mode se signale précisément par un double inconvénient formant contraste absolu avec la couverture de chaume; il est aussi froid en hiver qu'il est chaud en été, à moins qu'on ne le double à l'intérieur, en dessous par conséquent, d'un treillage supportant des paillassons. Mais alors la dépense s'élève et nos conseils d'économie ne sont plus écoutés.

La couverture en tuiles, plus que celle en ardoises, remplit une condition moyenne à laquelle on peut s'en tenir et sous le rapport de l'hygiène et sous le rapport économique.

3. — LES PORTES ET LES FENÊTRES.

Complications et explications, — d'où facilités et simplifications.
— Les principes oubliés. — Les applications négligées. — Le régime de l'infection et l'influence de la salubrité. — Les maladies
parasitaires. — Morte la bête, mort le venin. — Aération. — Salubrité. — Pavillon-ventilateur et fenêtres ventilantes. — Les
châssis fixes et les châssis mobiles. — *Bis repetita...*

a. Il y a dans une porcherie complète une certaine
complication de portes : celles du bâtiment même qui
n'offrent rien de particulier ; les demi-portes du passage de service dans les loges, quand ce passage existe ;
enfin les moyens de communication entre les loges et
la cour.

Libres du haut, les portes du passage de service
n'ont plus que 1^m,20 de hauteur sur 0^m,60 à 0^m,70 de
largeur. Elles sont toutes primitives et remplissent
suffisamment leur destination lorsqu'elles ferment à
peu près le passage.

Les portes donnant sur la cour ne sont pas beaucoup plus compliquées, mais elles doivent avoir plus
de solidité. On les établit de façon à ce qu'elles s'ouvrent par une simple poussée opérée d'un côté ou d'un
autre, de dedans en dehors ou de dehors en dedans,
et à ce qu'elles se referment d'elles-mêmes. De la sorte
les animaux passent à leur gré de la loge dans la cour

et réciproquement de celle-ci dans l'autre, sans la permission de M. le Maire, liberté qu'ils apprécient fort, dont ils usent sans compter, dont ils pourraient abuser même sans que personne y trouve à redire. Ah ! la belle et bonne chose que le libre arbitre. C'est, je crois, dans la libre Angleterre que cette disposition a pris naissance. Sans être absolument indispensable, elle n'est pas sans mérite, tant s'en faut, surtout pour les petits en élevage ; elle évite d'ailleurs quelque peine aux gens de service et soustrait leurs administrés aux ennuis que la négligence ou l'oubli leur occasionneraient certainement de temps à autre.

Il est donc utile de la bien faire connaître et d'en recommander l'adoption plus générale. C'est ce qu'a fait et bien fait M. J. Grandvoinnet à qui j'emprunte encore la description suivante :

« Pour que les portes, dit-il, puissent s'ouvrir des deux côtés, elles ne doivent pas butter, mais passer librement dans la baie ; et, pour que leur propre poids suffise à les fermer, il faut que l'axe de rotation soit légèrement incliné à l'avant, comme dans les portes de barrières, ou bien on peut employer un des deux procédés suivants, plus certains mais plus coûteux.

« *Premier procédé.* — Un plan incliné circulaire supporte le poids de la porte par l'intermédiaire d'une petite roue A (*fig.* 36). Lorsqu'on ouvre la porte, la roue monte en roulant sur le plan incliné, et aussitôt que la pression cesse, le poids de la porte fait descendre la roulette. L'axe de rotation est vertical.

9.

« *Deuxième procédé*. — Une espèce d'arc B (*fig*. 37)

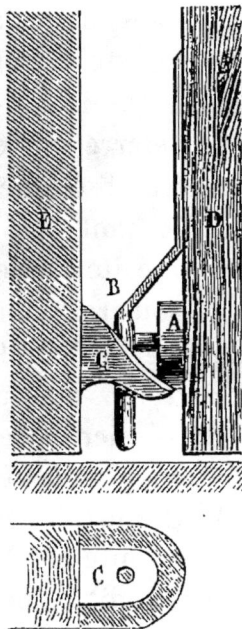

Fig. 36. — Ferrure inférieure à roulette d'une porte fermant seule.

est fixé sur le montant de la porte et s'appuie, quand

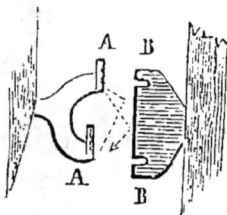

Fig. 37. — Système de ferrure pour une porte s'ouvrant et se fermant
seule.

cette porte est fermée, sur deux pitons A, A verticaux.

La partie supérieure est munie d'un gond ordinaire. Lorsque la porte est poussée d'un côté, l'arc B ne porte que sur un piton, et, par suite, l'axe est incliné. Après le passage ou la pression effectuée, la porte revient à sa première position par son propre poids. »

b. Les fenêtres ont ici la même destination qu'ailleurs sans qu'on apporte dans la pratique plus d'attention à les établir judicieusement au double point de vue de la suffisance de la lumière et de l'aération bien entendue. Règles et principes précédemment posés sont d'ailleurs applicables en l'espèce, mais on ne les utilisera de longtemps, c'est à craindre, que dans les porcheries de quelque importance et les mieux tenues. Dans les autres, ce sera toujours l'immense majorité, les habitants resteront sous le régime de l'infection et produiront, comme par le passé, des viandes de moindre qualité que celles qui se forment sous l'influence de la salubrité dans un milieu où l'air, constamment renouvelé, offre à la continuation de la vie tous les éléments de la santé.

Peut-on rien imaginer de pire qu'une porcherie mal tenue et dans laquelle la ventilation ne remplit pas activement, complétement son objet? Ça devient un bouge infect, inabordable, un foyer d'émanations nuisibles, une demeure malsaine à tous égards et dont les habitants sont prédestinés à l'invasion de ces maladies parasitaires qui ne meurent pas avec la bête qu'elles dévorent, mais passent avec une déplorable certitude à ceux qui en consomment les chairs, donnant un démenti fâcheux à ce dicton : Morte la bête, mort le venin.

Qu'on établisse donc les fenêtres en la forme qui conviendra le mieux ou qui plaira le plus, peu importe. Je ne demande pas qu'on s'arrête au meilleur type, mais qu'on les multiplie en raison des besoins, qu'on les combine avec des tuyaux de drainage traversant obliquement la partie supérieure des murs, sous le toit, et que, partout où le local le comportera, on installe, *secundum artem* (voir le volume des Écuries) un ou plusieurs ventilateurs conformément aux indications précédemment données.

L'un des premiers et des plus pressants besoins d'une porcherie, c'est la salubrité à tous les degrés, dans son installation d'abord et dans sa tenue journalière ensuite. A rien ne servirait, en effet, que toutes choses eussent été bien entendues par le constructeur, si le porcher ou tout autre ne tirait aucun parti de ces choses ou en annulait les bons effets. C'est ce qui arrive fréquemment et ce point a préoccupé aussi M. Grandvoinnet qui voit des fenêtres aux porcheries, mais des fenêtres qu'on ne laisse pas fonctionner dans l'intérêt du renouvellement de l'air pur sous prétexte du froid. Alors les vapeurs irrespirables ne trouvant pas d'issue s'accumulent et composent un milieu très-insalubre. « L'air intérieur est chaud, dit-il, par suite de la stagnation, de l'emprisonnement des vapeurs et des gaz produits par la respiration : il est étouffant et irrespirable, par suite de l'absence du principe vital, l'*oxygène ;* il est piquant aux yeux et à la gorge, par suite de la décomposition des fientes et des urines par la chaleur.

« Les fenêtres sont rarement ouvertes, et même la plupart ne peuvent bientôt plus l'être; l'humidité a gonflé le bois, et souvent par suite aussi de l'inaccoutumance.

« Si l'on ouvre les fenêtres pour renouveler l'air au moment où l'on s'aperçoit qu'il est tout à fait irrespirable, il se forme des courants d'air nuisibles aux animaux, habitués à un air chaud et humide ; — le mauvais effet de la viciation de l'air disparaît ainsi pour un instant, mais renaît après que les animaux ont eu à subir le fâcheux effet d'un renouvellement trop prompt. On comprend que des maladies graves ou du moins des dispositions maladives puissent être le résultat d'un pareil système.

« La *ventilation continue* évite tous ces inconvénients. Le principe sur lequel elle est basée est très-simple : l'air chaud monte naturellement à la partie la plus haute de la loge ; donc, si l'on procure, en ce point élevé, une *sortie*, le mouvement d'ascension se continue indéfiniment. — Si, en outre, à la partie la plus basse, on réserve de petites ouvertures appelées ordinairement *ventouses*, l'air froid de l'extérieur entrera naturellement, car il sera appelé par le vide produit par le courant ascensionnel de l'air chaud. — On obtient ainsi un mouvement continu d'air frais qui passe au travers de la loge, sert à la respiration et est évacué au dehors lorsqu'il est vicié. — Si l'on a soin de munir l'ouverture supérieure d'un *registre* ou de tout autre moyen capable de *modérer à volonté la sortie,* on peut graduer la ventilation de façon à ne produire aucun courant assez violent pour nuire, et en entretenir un suffisant cependant pour changer l'air et tenir les animaux dans une atmosphère aussi pure et aussi fraîche que l'on peut le désirer. Qu'on n'objecte pas que pour les animaux d'engrais un air chaud est nécessaire, car rien n'empêche de modérer assez le courant pour qu'une douce chaleur règne dans la loge ; le point important, atteint par une ventilation faite d'après ce principe, c'est qu'on soit *absolument maître* de régler la quantité d'air fournie aux animaux.

« L'exécution de la ventilation pour une porcherie

Fig. 58. — Pavillon servant de ventilateur.

est excessivement peu coûteuse : les ventouses seront des trous de quelques centimètres de surface laissés dans les murs, soit en y plaçant des briques creuses, soit en y mettant un tuyau de drainage. — Dans les porcheries d'élevage, les portes battantes des cours laissent assez d'intervalles pour que des ouvertures ou ventouses particulières ne soient pas indispensables. Quant à l'ouverture de sortie, elle doit être placée au

point le plus haut pour être d'un effet certain. Ce sera
une espèce de petit pavillon AA (*fig.* 38). dont les
côtés seront formés de jalousies fixes ou mobiles laissant un passage à l'air chaud; une planche peut être
placée dans le bas de l'ouverture pour servir de registre pour ouvrir plus ou moins la sortie de l'air.

« Lorsqu'on ne veut pas faire les frais de ce petit
pavillon, on ménage dans le toit des fenêtres faciles à
ouvrir et placées le plus haut possible. Enfin, on fait
quelquefois aussi dans les murs, entre les loges, des
fenêtres ventilantes (*fig.* 39).

« Le châssis de la fenêtre est dormant, c'est-à-dire

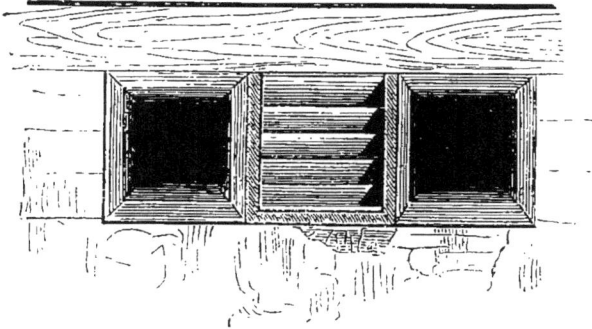

Fig. 39. — Fenêtre ventilante pour porcherie.

fixe, et divisé en trois parties : les deux extrêmes reçoivent une vitre, et la partie médiane une série de
petites planches tournant autour de petits tourillons
et retenues ensemble par une barre qui sert à les fermer plus ou moins. La fenêtre peut aussi être à châssis rotatif, comme l'indique la figure 40, s'ouvrant soit
de haut en bas, soit en sens contraire ; soit dans le

sens horizontal, autour d'un axe central, comme dans une construction récemment faite à Grignon (*fig.* 41).

« Nous préférons la première fenêtre et surtout le

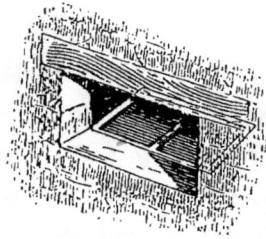

Fig. 40. — Fenêtre à châssis rotatif.

petit pavillon ventilateur dont l'établissement permet de faire toutes les fenêtres à châssis fixe, ce qui compense les frais faits pour le pavillon ventilateur, car

Fig. 41. — Fenêtre tournant autour d'un axe central et vertical.

les fenêtres sont sans ferrures et sans châssis mobile.

« Il n'est pas besoin de dire que, pour une porcherie d'engrais, on ménagera les fenêtres plus que pour une porcherie d'élevage. »

J'avais dit tout cela plus haut, en commençant cet ouvrage. J'étais bien aise de le faire répéter par un autre. Rien de ce qui se trouve dans ce paragraphe n'infirme les règles plus précises que j'ai données moi-même (1).

Je conclus. Une température moyenne et de l'air pur, telles sont toujours les conditions essentielles du succès des éducations d'animaux, porcs ou autres.

(1) J'ai emprunté plusieurs citations à M. J. Grandvoinnet.

M. Grandvoinnet, ingénieur, professeur de génie rur 1 à l'école impérial de Grignon, a publié plusieurs ouvrages intéressants concernant l'agriculture.

J'indiquerai surtout son *Traité complet de mécanique agricole*, 2 vol. in-12 avec bois dans le texte et atlas, 9 fr. Le *Génie rural* 1 vol in-8º avec atlas grand in-8º 15 fr.   (Librairie Eug Lacroix),

4. — LES AMÉNAGEMENTS ESSENTIELS.

L'aire de la porcherie. — Le plancher plein et la claire-voie. — Avantages et inconvénients. — *Modus faciendi*. — Un plaidoyer peu réussi. — Pavés et béton. — Le lit de camp. — L'asphalte. — Entre parenthèses. — Inclinaison de l'aire et rigole d'écoulement. — La cour. — Bassins et baignoires. — M. Stearn. — Les bonnes installations. — Entrée et sortie. — La propreté. — La voix de l'intérêt.

a. En me plaçant sous le toit, entre les murs du bâtiment édifié, la première chose importante qui fixe mon attention, c'est le sol, l'aire, le plancher, détail considérable et beaucoup trop négligé, qui s'étend aussi au sol de la cour attenante à la porcherie.

Mais d'abord celui des loges.

Deux modes sont particulièrement en présence : le système plein et imperméable; la méthode des planchers à claire-voie.

A mon grand regret, je retrouve toujours cette dernière qui me poursuit en réalité avec la persistance d'un mauvais rêve; mais je résiste à toutes ses provocations. On a beau la recommander chiffres en main, avantage grossi en théorie, je ne vois pas que ceux-ci ni ceux-là soient ou puissent être compensés par les inconvénients d'hygiène que la méthode multiplie comme à plaisir autour d'animaux qui ont tant besoin de salubrité, d'air pur, de propreté, de bien-être de toute sorte. Ce n'est donc pas après ce que je viens de dire de la nécessité d'une aération efficace que je puis conseiller un mode absolument opposé.

Ce mode veut être étudié néanmoins, et, puisque je ne l'ai fait encore que *grosso modo*, il est naturel que je l'examine de plus près ici, à l'occasion de la porcherie à laquelle il semble avoir été plus spécialement destiné. On l'emploie en Danemark, dans quelques parties de la France, en Bresse notamment, et dans ces derniers temps, il a été fort préconisé en Angleterre par M. Mechi, lequel a conquis parmi ses compatriotes une certaine autorité en certains points de l'économie rurale par lui soumis à l'expérimentation.

Ces planchers sont diversement construits. Le plus ordinairement ils sont faits avec des espèces de soliveaux placés l'un à côté de l'autre sans se toucher. C'est là précisément ce qui constitue la claire-voie. On établit ces sortes de « lattes » auxquelles on donne environ $0^m,015$ d'équarrissage lorsqu'elles sont destinées à des loges à veaux, sur l'emplacement occupé par l'animal attaché à la crèche, dans le sens de la longueur même de celui-ci, au-dessus d'un espace creusé à une profondeur de $0^m,60$ environ. C'est la fosse aux engrais, qui se vide quand elle est pleine.

Après une expérience qu'on dit complaisamment avoir été longue et qui pourtant s'est arrêtée, quant au porc, à un chiffre de 200 têtes, M. Mechi s'est très-nettement prononcé en faveur des planchers à claire-voie. Il leur a bien trouvé quelques inconvénients, mais balançant les bénéfices et les pertes, l'avantage leur est resté dans son esprit et il recommande leur adoption générale en s'appuyant sur les points énumérés ci-dessous, rapportés et commentés par M. Grandvoinnet que je copie :

« 1° On économise la litière, ce qui est d'une grande importance lorsqu'elle est rare et chère.

« 2° La main-d'œuvre pour l'élevage et l'entretien des animaux est moindre de moitié. D'après M. Mechi, un homme suffit pour 250 porcs placés sur plancher à claire-voie.

« 3° Les transports de fumier aux tas sont supprimés et le transport aux champs est réduit;

« 4° Les animaux d'engrais sont dans une condition favorable à l'engraissement, car la difficulté qu'ils éprouvent à se mouvoir sur un tel plancher les force à partager leur temps entre le sommeil et les repas.

« 5° L'énergie musculaire s'acquiert et se conserve mieux sur un coucher doux comme est la litière.

« Il semble au premier abord, qu'il n'est guère possible que les porcs soient aussi propres que sur la litière fréquemment renouvelée, car les excréments peuvent rester en partie après les barres du plancher. Cependant, M. Mechi assure que sans qu'aucun nettoyage soit fait, ses porcs sont parfaitement propres; mais il ajoute comme correctif, qu'il est vrai qu'ils n'ont pas une apparence aussi belle que nourris sur un amas de litière sèche et propre; que les animaux recherchent d'instinct un lit moelleux. Mais aussi, et nous sommes de cet avis, ce n'est pas l'idée ou le coup d'œil qu'on doit rechercher, mais le profit; or, l'économie de *litière*, de *main-d'œuvre* et de *transport*, nous semble bien suffisante déjà pour motiver la préférence, et l'on peut ajouter que sur les planchers à claire-voie, les porcs n'étant pas dérangés et ne pouvant se fatiguer ont plus de propension à l'engraissement. Il reste à déterminer si les frais de premier établissement ne grèvent pas l'engraissement d'une somme assez forte pour compenser les avantages que nous venons d'indiquer.

« A première vue, on peut admettre sans crainte qu'en employant pour les barres du plancher, du chêne, ou d'autres bois imprégnés de sulfate de cuivre, l'entretien ne peut être bien élevé. Nous pouvons ajouter d'ailleurs que, d'après M. Mechi, le système de plancher qu'il a adopté ne grève son compte d'engraissement que de 1 centime et 44 centièmes par semaine, et que le prix de revient d'un mètre carré de ses porcheries est de 15 fr. 15 centimes. Ces chiffres nous semblent plutôt exagérés qu'atténués, car l'emplacement donné à chaque porc par M. Mechi est très-faible. Le fumier fait sous les planchers à claire-voie est d'une énergie remarquable : il se tasse en tombant lourdement d'une certaine hauteur et la compression qui en résulte empêche que l'évaporation des gaz ammoniacaux ne soit aussi considérable qu'on pourrait le craindre au premier abord.

« Sur un plancher de bois, il n'y a pas de cause tendant à faire naître certaines maladies du pied, qui ont au contraire leur raison d'être dans une litière toujours humide. M. Mechi prétend aussi que les maux de jarrets, les rhumatismes, ne se présentent pas sur les planchers en barres de bois.

« Par cela même que nous avons fait connaître les avantages de planchers à claire-voie, nous ne pouvons passer sous silence les quelques objections qui ont été faites :

« 1° Les animaux placés sur les planchers à claire-voie, surtout lorsqu'on y jette de l'argile brûlée (dans le but de rendre le coucher plus doux et de fixer les gaz ammoniacaux) ont une apparence très-peu convenable ; ils sont crottés et paraissent en mauvais état.

« 2° Lorsqu'on n'emploie aucune matière fixante, les gaz du fumier de la fosse montent, et leur odeur est facilement remarquée. Or, dit Andrew, s'il est démontré que les animaux souffrent de boire de l'eau sale et corrompue, combien n'est-il pas plus à redouter de leur fournir un air vicié ? Boire de mauvaise eau est un mal *périodique*, le mauvais effet d'un air vicié est *constant*, puisque les animaux ne cessent pas de respirer.

« Le premier reproche a peu d'importance, surtout lorsqu'on ne met pas sur les barres de l'argile calcinée ; or, pour fixer le gaz, il suffit de jeter cette argile sur les excréments de la fosse.

« Le second reproche semble plus grave ; mais il n'est pas spécial aux logements ayant des planchers à claire-voie ; il est aussi applicable aux *boxes d'engrais*, aux étables *flamandes* où le fumier se fait pendant toute la

durée de l'engraissement, et cependant la plupart des
agriculteurs paraissent satisfaits de ces dispositions ;
ils obtiennent ainsi une atmosphère chaude et humide,
tellement propre à l'engraissement, que nous compre-
nons cette préférence pour des animaux qui ne doivent
rester qu'un espace de temps assez court dans des
lieux quelque peu *malsains* dans l'acception ordinaire
du mot, mais convenables pour l'état maladif appelé
engraissement.

« Un plancher à claire-voie se compose de barres
posées sur des lambourdes ou poutrelles : leur écartement dépend évidemment de la grandeur des sabots
des animaux. M. Mechi, d'après des mesurages et sa
propre expérience, fixe ainsi les vides entre les
barres ; $0^m,0254$ pour les jeunes porcs et $0^m,0317$
pour le porc d'âge. Quant à la grosseur des bois,
elle dépend du poids des animaux que doivent
supporter ces barres, de la largeur ou portée qu'elles
doivent avoir entre leurs supports, et de l'espèce
de bois employée. On peut fixer l'équarrissage (la
dimension verticale étant double de la dimension
horizontale) par la règle suivante : l'épaisseur horizontale des barres est égale aux huit dixièmes
de la racine cubique de la longueur des barres ex-
primée en centimètres : si, par exemple, ces barres
ont 2 mètres de long ou 200 centimètres, leur largeur sera de 48 millimètres et leur hauteur de 96,
en supposant qu'elles doivent recevoir des porcs
de 300 kilog. Il suffira que le plancher à claire-voie
s'étende sur les deux tiers de la loge, ce qui diminue-

rait encore leur équarrissage jusqu'aux chiffres pratiques donnés ci-après, et qui supposent des porcs de
poids moyen et des barres de moins de 2 mètres
de portée.

« Il est avantageux d'employer des barres plates posées
de *champ*, car on dépense ainsi moins de bois pour un
même poids à supporter, les ouvertures sont plus nombreuses pour le passage des excréments. Le bois employé doit, autant que possible, être le chêne à raison
de sa résistance et surtout de sa longue durée à l'air
humide. Si l'on se trouvait forcé d'employer des bois
blancs ou résineux, il faudrait pour les préserver d'une
rapide destruction leur faire subir une préparation du
genre de celles employées pour les traverses de chemin de fer.

« Les barres de chêne pourront avoir environ
0^m,08 sur 0^m,04, les bois blancs ; un peu plus. Ces
barres sont placées dans le sens de la longueur de
l'animal, et, en raison de l'habitude qu'a le porc de
chercher le coin le plus reculé de sa loge pour déposer ses ordures, on peut, dans une porcherie, faire le
plancher à claire-voie, sur la moitié de la loge seulement ; de cette façon on pourrait économiser quelque
peu de bois en parquetant l'autre moitié avec des
planches de peu de prix ; les barres ayant, du reste,
un équarrissage notablement plus faible.

« Le plancher doit être élevé au-dessus de la fosse de
0^m,06 à 1 mètre, cette dernière dimension étant surtout nécessaire lorsqu'on veut mélanger de l'argile
brûlée ou des cendres avec les excréments. L'espace

libre sous le plancher doit être très-accessible, pour permettre un enlèvement facile de fumier ou une manipulation convenable. Si on laissait les excréments des porcs s'accumuler sur un point, jusqu'à toucher le plancher, les barres, restant humides, se pourriraient très-vite en ce point ; on doit donc avoir soin d'égaliser le fumier de temps en temps soit qu'on jette pardessus une matière fixante, soit qu'on ne jette rien. »

Je ne sais si je m'abuse, mais il me semble que ce long **plaidoyer** ne porte pas avec lui des raisons bien convaincantes en faveur des planchers à claire-voie. Sur mon esprit, il produit l'effet tout contraire. Que mes lecteurs se reportent à ce que j'en ai dit aux articles Écuries, Étables, Bergeries, et qu'ils avisent au mieux de leurs idées ; mais loin de les encourager à disposer les choses conformément à une méthode aussi défectueuse sous le rapport hygiénique, je les mets en garde contre des avantages plus apparents que réels, et j'attire toute leur attention sur des inconvénients beaucoup plus réels qu'apparents.

Le terrain se trouvant ainsi déblayé, je reviens aux planchers pleins et imperméables. Il s'agit de les bien faire : or, la recommandation n'est pas précisément inutile, car bien peu sont soignés et remplissent toute leur destination qui est d'offrir à l'animal un couchage sec, salubre, uni et solide.

Ceux que l'on fait de pavés seront posés sur un bain de mortier hydraulique si l'on peut, et les pavés seront parfaitement rejointoyés afin de ne laisser aucune

10

prise à l'animal, aucun interstice par où puisse pénétrer partie de l'urine ou des excréments. Sitôt qu'un vide se rencontre dans le pavage, dit avec raison M. Bouchard-Huzard, le porc avec son groin a bientôt soulevé le tout. Les pavages en grès, en briques sur champ ne sont pas trop résistants; si l'on veut employer des briques à plat, il faut qu'elles soient entre-croisées et fortement scellées avec du ciment. Il sera souvent plus économique d'employer le béton, mélange de mortier et de petits cailloux bien lavés.

Dans les deux cas, on commence par niveler avec soin le terrain auquel on donnera cependant une pente générale de $0^m,03$ par mètre au moins. Le sol ainsi dressé, on le dame très-également, puis on le couvre de sable en toute son étendue; on dame de nouveau et sur ce lit on procède au pavage. Celui-ci s'effectue en assujettissant les pavés sur une couche de mortier et faisant couler entre les joints du mortier plus clair.

Le bétonnage, bien fait, constitue aussi un très-bon sol, et mériterait d'être plus généralement employé. M. Grandvoinnet, qui en est grand-partisan, croit que cette appropriation de l'aire de la porcherie, serait la moins coûteuse et la plus parfaite; il indique avec détail le mode de fabrication du béton et termine son instruction en ces termes : « La pose se fait très-simplement. Après la préparation du sol, suivant une surface plane suffisamment inclinée, on met une couche peu épaisse de pierres cassées et on la dame énergiquement; puis on place le béton et on l'égalise au moyen d'une pièce de bois qu'on fait glisser sur deux règles posées de champ : on avance ainsi d'un bout du bâtiment à l'autre par petites portions bien reliées l'une à l'autre. Lorsque le béton qu'on doit raccorder est en partie sec, on met du mortier pour unir le nouveau à l'ancien. Il est bon de damer la couche de béton qui, pour les porcheries, est suffisante à $0^m,12$ d'épaisseur. »

Les précautions indiquées sont bien aux antipodes de la négligence habituelle aux petits éleveurs. Dans quelques pays de montagne, dit M. Magne, le sol de la demeure du porc est à peu près uni, divisée en deux parties, dont une sert au couchage. Celle-ci porte ce qu'on nomme le lit de camp.

Le lit de camp est en madriers, cloués sur deux pièces de bois mises en travers dans la loge ; mais la poussière pénètre en dessous et les ordures s'y accumulent. On améliore ce mode de couchage en l'élevant de $0^m,18$ à $0^m,20$ du sol. De la sorte on nettoie aisément dessous et l'on prévient l'inconvénient de la malpropreté. Dans les loges ainsi disposées, ajoute M. Magne, les porcs sont toujours couchés proprement ; ils déposent leurs déjections sur la partie non planchéiée de la loge d'où on les enlève aussi fréquemment qu'il en est besoin.

Un grand éducateur anglais, M. Stearke, donne la préférence à l'asphalte, et la préférence se fonde sur cette considération que l'asphalte ne retient ni odeur ni humidité. « J'ai essayé, dit-il, des planches, des briques, enfin de tout ce qui sert à faire des pavés, mais rien ne m'a aussi bien réussi que l'asphalte. Bien des personnes trouvent que les planches sont préférables ; je puis aisément les convaincre du contraire. Si l'on y réfléchit un instant, on verra qu'elles ne peuvent être saines ; car, si elles sont serrées, l'humidité restera à la surface et elles seront continuellement mouillées ; si elles sont espacées, les déjections passeront à travers et il se formera au-dessous un véritable cloaque capable d'engendrer bien des maladies. Pendant l'hiver je pose sur l'asphalte un treillage de bois qu'on enlève une fois par semaine, et on balaye au-dessous avec soin, surtout pendant que les petits sont très-jeunes. Les litières sont changées tous les jours, car plus l'étable est propre, plus vite les cochons grandissent et mieux ils se développent. Comme on lave le pavé une ou deux fois par semaine, tout est enlevé et l'asphalte ne reste pas longtemps mouillé. L'asphalte offre encore un très-grand avantage : c'est l'économie de la paille ; il en faudrait avec un plancher un tiers de plus ; l'humidité s'échappe sous la litière sans la mouiller, le pavé étant un peu en pente, et cette litière peut servir pour les préaux au dehors qu'il est également bon de paver de manière à empêcher les cochons de fouiller avec leur groin. On devrait aussi pratiquer un réservoir au dehors, près des préaux, pour en recevoir le drainage. Cette construction devrait avoir des gouttières pour empêcher l'eau de pluie de laver et d'entraîner le fumier. En suivant cette méthode on obtiendra les meilleures conditions d'hygiène et de succès dans l'élevage. »

En France, on emploie plus communément les planches en bois de chêne à raison de la facilité du nettoyage, mais les inconvénients signalés par l'éleveur
anglais sont réels et me font recommander avec lui,
comme préférable, une couche d'asphalte, dût celle-ci
être recouverte d'un isoloir, pendant l'hiver, lorsque
les lavages ne sèchent pas assez vite ou lorsqu'on a lieu
de craindre le froid. Le treillage en bois dont parle
M. Stearke n'a pas d'autre objet; il n'a besoin de couvrir qu'une portion de la loge, une surface suffisante
au couchage de l'habitation ou des habitants d'icelle.

A ce propos j'ajouterai, en manière de parenthèse,
que le même éleveur dont l'expérience inspire à bon
droit un très-haut degré de confiance, blâme très-sé-
rieusement ceux qui mesurent avec tant de parcimonie l'espace aux animaux. S'il concède qu'on tienne
sans beaucoup d'inconvénient à l'étroit des animaux
soumis à une période d'engraissement fort courte, il
veut que la truie portière soit logée à l'aise et surtout
que, pour mettre bas, on lui donne une loge spacieuse,
dans laquelle il soit possible de placer des barreaux
sur les côtés de manière à empêcher que, maladroitement, elle ne se couche sur ses petits. « Ces barreaux,
dit-il, doivent être faits de telle sorte qu'ils puissent
s'incliner ou se relever selon la taille de la truie. Alors,
quand la mère voudra se coucher, il n'y aura plus de
danger qu'elle écrase quelqu'un de ses nourrissons,
l'espace étant assez grand entre elle et le mur pour
les laisser passer; car neuf fois sur dix c'est ainsi
qu'un malheur arrive, les truies voulant toujours s'ap-

10.

puyer contre quelque chose lorsqu'elles sont couchées. — Chaque cellule devrait avoir 2^m,60 à 3^m,10 carrés.

J'approuve ces conseils et ces dimensions.

Je n'ai pas encore dit que le sol de la porcherie doit être plus élevé que les entours; mais ceci est de principe absolu pour toutes les habitations de nos animaux domestiques. La recommandation devient donc presque oiseuse, à cette place, après tout ce qui a été dit précédemment. L'inclinaison de la surface de l'aire a aussi sa raison d'être, puisqu'elle doit aboutir à une rigole d'écoulement qui emporte au dehors et les déjections liquides et les eaux de lavage.

Les cours doivent être pavées avec le même soin que les loges, en grès ou autrement, avec des pentes et rigoles toujours utiles et nécessaires. Je blâme la disposition, je déplore l'état de celles où l'on n'exécute aucun travail et où les animaux se trouvent presque en tout temps, sauf pendant les longues sécheresses, dans la bourbe et l'ordure jusque par-dessus la tête.

b. L'établissement ou l'installation de bassins ou de baignoires, a une importance un peu trop méconnue en France, où l'on érige volontiers la propreté en vertu sauf à ne la pratiquer pas. Il n'y a pourtant qu'une voix sur ce point. Tout le monde recommande de laver ou de baigner le porc, personne ne s'élève contre cette utile recommandation; mais combien s'y arrêtent, s'y attachent et la mettent en action? Pas beaucoup, pas assez, et les éducations n'en vont pas

mieux. M. Stearn a également dit ici son mot; écoutons-le : « Quand on veut engraisser des cochons, écrit-
il, rien n'est plus avantageux que de les laver au moins
trois fois par semaine. Les gens qui en ont l'habitude
font cela vite, et la peine n'est pas grande. C'est aussi
une bonne chose que de les brosser souvent. Ceux qui
voudront essayer ce mode de traitement seront éton-
nés des résultats qu'ils obtiendront, surtout s'ils com-
parent ces résultats avec ceux auxquels on arrive par
la négligence et en suivant la routine du traitement
ordinaire.

« Bien des gens diront : Que de peines ! mais peut-on
réussir en quoi que ce soit sans peine? Je suis certain
que les cultivateurs engraisseraient leurs cochons
beaucoup plus vite, s'ils les lavaient, s'ils les brossaient
et s'ils chauffaient leur nourriture, au lieu de la leur
donner, en hiver, froide comme de la glace. Ceci est
bien facile à faire, car on peut toujours tenir une bouil-
lotte près du feu, et l'on se trouve bien récompensé
par la suite d'un peu de mal qu'on s'est donné. »

Voilà bien justifiés, je pense, les quelques mots que
je vais écrire pour terminer ce chapitre. Qu'on se rassure, au surplus, j'éviterai de pousser à d'inutiles dépenses : les dispositions que je recommanderai auront
en vue, au contraire, de simplifier la tâche du porcher
ou de la fille de basse-cour.

Que peuvent donc être ici bassins et baignoires? Ce
sont parfois et tout simplement de petites dépressions
du sol, construites en matériaux imperméables, où l'on
recueille en suffisance des eaux, d'une manière ou

d'autre, par un procédé quelconque. D'autres fois ce sont de véritables mares. On en dispose les bords en pente douce et facile, et on ne leur donne guère en profondeur au delà de 1 mètre à 1^m,20.

Une installation plus complète consiste en fosses, rectangulaires ou arrondies aux extrémités, dont une partie du pourtour ou deux côtés sont à pic, tandis que le reste est en pente douce. Leurs dimensions sont nécessairement variables. Pour en adopter d'arbitraires pouvant servir de type, je dirai 4 à 5 mètres de longueur sur 0^m,60 seulement de largeur, afin que l'animal, une fois entré par une sorte de couloir étroit formé par un mur ou des pieux, ne puisse revenir sur lui-même et soit forcé de continuer sa route pour sortir par l'issue opposée, après avoir traversé la partie la plus profonde (1^m,20).

Pour avoir ainsi deux passages, — une entrée et une sortie, — on divise la petite pièce d'eau, baignoire ou mare, par une cloison, au moyen d'un barrage quelconque disposé de la façon la plus commode eu égard à la forme même de la fosse ou du bassin.

J'aurai, un peu plus loin, l'occasion de mettre sous les yeux du lecteur une disposition très-heureuse de mare, pour une porcherie d'une certaine importance. Quant à présent, je ne veux pas oublier de dire que l'eau doit pouvoir être facilement renouvelée dans les baignoires artificiellement alimentées. La propreté étant une nécessité. un bienfait, une cause de succès, je la veux en tout et partout. Mais je me trompe vraiment, ce n'est pas moi qui la demande despotiquement, parce que telle serait ma visée ; c'est l'intérêt qui la sollicite, qui la réclame impérieusement. Or, sont bien maladroits ceux qui n'écoutent pas la voix de l'intérêt quand il a son point d'appui sur une base aussi rationnelle, sur un motif aussi légitime.

5. — LES AUGES.

Un meuble indispensable. — Une étude nécessaire. — Programme
d'examen. — Fixes et mobiles. — Variétés dans la forme et dans
la matière. — Auges à ouvertures et à séparations. — *Experto crede Roberto.* — Malencontreuse compétition. — L'auge
circulaire. — Le râtelier. — Les auges couvertes. — L'auge
à tiroir. — Les cloisons fixes. — Les volets. — Des rigoles
verticales. — Les volets oscillants. — Gamelle à trois. — La
meilleure place. — Les comparaisons. — Les capacités. — Les
deux services. — Question de principe. — Une inconnue. — Ma
dernière recommandation.

Le seul meuble d'une loge à porc, c'est l'auge, l'appareil dans lequel l'animal doit trouver à sa convenance
le boire et le manger. On en compose de toutes sortes,
on en fait de bien des manières et avec les matériaux
les plus variés. Cela ne dit pas précisément qu'on y
réussisse toujours, qu'on arrive souvent à faire bien.
C'est le sentiment de M. Stearn qui se prononce très-carrément en ces termes : « Les auges à cochons sont
généralement mal construites et partout elles occasionnent beaucoup de perte, la nourriture se trouvant
foulée par les pieds de devant que l'animal ne devrait
pas pouvoir y faire entrer. »

Ces quelques mots déposent en faveur d'un examen
détaillé. Aussi bien le sujet n'est-il pas des plus sim-

ples, et son programme est-il, au contraire, quelque peu complexe. Il s'agit, en effet, de réunir ensemble une grande propreté, la facilité dans le service, tout en prenant soin de ne déranger les animaux que le moins possible, et enfin l'économie de la dépense première jointe à la durée.

Profitant de toutes les études qui ont été faites sur les auges destinées à la porcherie, un écrivain agricole, M. Pierre Darder, a résumé comme il suit les règles de leur construction et leurs différents types.

« 1° Tous les angles doivent être arrondis autant que possible, les bords surtout doivent l'être dans tous les cas, car, comme ils servent presque toujours de point d'appui au porc lorsqu'il mange, ils causeraient des œdèmes et même des plaies au cou de l'animal, s'ils n'étaient pas dans la condition que nous indiquons.

2° L'extérieur et surtout l'intérieur des auges doivent être lisses et unis, car s'il y avait des excavations, les aliments pouvant y séjourner, s'y décomposeraient et infecteraient les loges des animaux.

3° La hauteur et la capacité des auges doivent être subordonnées aux exigences des races, à l'âge des animaux, ainsi qu'à la qualité de la nourriture qui leur est donnée ; de plus, elles doivent être divisées par de petites cloisons formant des augettes, afin que chaque animal ait sa ration. Les augettes pour porcelets devront être d'une capacité de 8 litres environ et de 10 à 14 pour les porcs d'engrais.

4° Les auges doivent être légèrement concaves et présenter à leur fond une ouverture qui, étant fermée par une cheville, soit en bois, soit en fer, puisse donner issue à l'eau qui sert au nettoyage.

Les auges sont divisées en *auges mobiles*, c'est-à-dire pouvant être déplacées sans rien démolir, et en *auges fixes*, c'est-à-dire qui font corps avec les cloisons des porcheries. Les unes et les autres s'emplissent à l'intérieur ou à l'extérieur des loges, mais nous préférons de beaucoup les auges s'emplissant par l'extérieur, car on ne trouble pas le repos des animaux, et le porcher n'est pas exposé à leurs attaques et à leur voracité.

Les *auges mobiles* peuvent être avec roulette ou sans roulette et à tiroir ; leurs formes et les matériaux employés dans leur construction sont très-variables; on les construit :

1° En pierre de taille ;
2° En bois d'une seule pièce ;
3° En planches ajustées ;
4° En briques maçonnées ;
5° En béton.

Ce n'est que depuis quelques années seulement qu'on en fabrique en fer, et pour celles-ci, il faut avoir recours aux dépositaires d'instruments d'agriculture, ou s'adresser directement aux fabricants.

L'*auge en pierre de taille* est ordinairement de forme rectangulaire (1) ; les bords à la partie supérieure sont épais de 0ᵐ,03 environ, et de 0ᵐ,08 à 0ᵐ,09 à la partie inférieure.

L'inconvénient de cette auge est de permettre aux

(1) On voit encore dans quelques fermes des auges en pierre de taille de forme circulaire.

animaux de monter dedans et alors ils perdent une
partie de leurs aliments. On pourrait remédier à ce
défaut en faisant des séparations en bois ou en fer dans
l'intérieur de l'auge, ou en la couvrant avec une planche
percée d'ouvertures assez larges pour laisser passer la
tête des animaux (*fig.* 43). »

L'*auge en bois d'une seule pièce* s'obtient au moyen
d'un tronc d'arbre creusé, mais comme il est facile de
la faire basculer, on lui substitue volontiers l'*auge en
planches ajustées* dont la construction est des plus

Fig. 42. — Auge triangulaire pour deux porcs.

simples et peu dispendieuse. En effet, cinq bouts
de planches clouées ensemble la donnent. En variant
le *modus faciendi*, on obtient le modèle représenté par
la figure 42.

Tout cela est néanmoins très-primitif et peu satisfaisant, car la nourriture est facilement poussée dehors par les moins avides ou les moins gloutons. On a
donc cherché mieux. En cherchant, on a trouvé, et la
figure 43 montre une auge plus complète. L'élévation
de son bord supérieur impose un peu de comme

il faut et de bonnes manières. Ne pouvant mettre ni la main ni le pied dans le plat, les dévorants se trouvent contraints de manger proprement, sans gâcher leur nourriture. Les premiers, ils y gagnent quelque chose. Il va sans dire qu'on irait à l'encontre du sens commun, si l'on ne donnait une largeur suffisante aux trous par lesquels les bêtes doivent se trouver à table jusqu'au menton. Il ne faut pas qu'en se retirant de la mangeoire, elles se sentent prises par les oreilles, par exemple. Pour être cochon, on n'en aime peut-être que mieux ses aises. A quoi bon, d'ailleurs, ne pas ré-

Fig. 43. — Auge en bois avec ouvertures sur les deux faces.

pondre à de tels besoins? En pareil cas, il en coûte moins de faire bien que de faire mal.

Le premier, j'ai fait connaître, par la description et par la gravure, l'auge à porcelets, en bois, imaginée par M. Em. Pavy. Elle consiste en une boîte rectangulaire, divisée en plusieurs compartiments. Ici, chacun a le sien et se trouve fort convenablement isolé du voisin au moment où on lui sert son repas.

L'appareil est facile à comprendre par l'inspection des figures 44, 45 et 46. La première, qui en donne la perspective, n'en montre qu'un côté, car il est double.

Sur chacune de ses parois, il porte quatre ouvertures arrondies par le bas et par lesquelles les petits cochons viennent se repaître dans une augette séparée. Ils y

Fig. 44. — Vue perspective de l'auge à porcelets de M. Em. Pavy.

sont tranquilles du commencement à la fin du repas, mangent sans se presser, sans se heurter, sans se gourmander, sans pouvoir se salir les manchettes. La cloison du milieu et celles des côtés présentent, dans

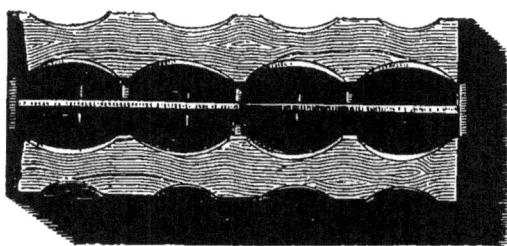

Fig. 45. — Vue en dessus de l'auge à porcelets de M. Pavy.

la partie qui touche au fond, une ouverture façonnée en voûte qui permet à la partie la plus liquide des aliments de passer d'une augette dans l'autre et d'empê-

cher ainsi que les plus affamés, n'ayant plus rien à
relécher, n'aillent livrer bataille aux plus faibles et leur
dire, dans leur langage expressif, ce mot connu dans
toutes les langues : Ote-toi de là que je m'y mette.
D'ailleurs cette disposition est excellente aussi au point
de vue du nettoyage, lequel doit être très-soigneuse-
ment exécuté, puisque le bois se nettoie moins facilement que le fer et la fonte.

Construit tout simplement en bois blanc, l'appareil

Fig. 46. — Vue intérieure du mode de construction des augettes de M. Pavy.

est très-léger et peut être passé à l'eau sans difficulté
aucune.

Les porcelets qui tettent leur mère chacun à une
mamelle, sans en changer jamais tant que dure l'allaitement, conservent cette bonne habitude en passant
de la mamelle à une auge bien établie; chacun adopte
un sabord et lui reste fidèle. Tout ainsi est pour le
mieux au sein de la petite famille avide ou gourmande,
remuante et grouillante.

La figure 45 montre l'appareil vu en dessus et la
suivante donne le détail des augettes.

Dans sa longueur, l'auge mesure 0^m,73; dans sa largeur, 0^m,11. L'ouverture extérieure, arrondie par le bas, laisse une profondeur minimum de 0^m,04 à 0^m,05 et offre à la tête un passage de 0^m,08 environ de hauteur sur un espace de 0^m,07 en largeur.

Il y a trois poignées, une à chaque extrémité et une autre au milieu : les petites planches qui ferment la boîte en dessus sont découpées, échancrées en festons. La planche de dessous, celle qui forme le fond de l'appareil, est légèrement creusée, excavée vers les petites voûtes ménagées à la base de chaque cloison.

Tout cela est-il si compliqué? Non, mais simplement bien entendu et, de peur qu'on ne me croie pas sur parole, je me hâte d'ajouter qu'ainsi façonnée l'auge à porcelets de M. Pavy s'établit pour 5 francs. Le seul inconvénient qu'on puisse lui trouver, c'est de nécessiter des soins particuliers de propreté. Mais M. Pavy, bon juge assurément, me disait : «Un usage constant de plusieurs années déjà m'a rendu, tel qu'il est, cet appareil indispensable, et j'ai obtenu le même résultat et les mêmes services d'un matériel en bois de 75 francs, qui m'aurait coûté 600 francs, s'il avait été exécuté en fonte. »

Et voilà pourquoi je me suis si longuement arrêté sur l'auge à porcelets. Renvoyant donc le lecteur à l'auteur, je me contente de dire : *Experto crede Roberto.*

C'est la même pensée qui a conduit aux modèles représentés par les figures 43 et 47 auxquels j'adresse un même reproche, celui de laisser les convives en pleine compétition. Ce n'est pas ici, d'ordinaire, que

règnent la plus franche cordialité ou la plus grande
fraternité.

L'imitation est plus heureuse et mieux réussie dans
la forme de la figure 48, laquelle montre une auge cir-

Fig. 47. — Auge en bois, sans séparations intérieures.

culaire très-bien construite. L'intérieur est partagé en
huit compartiments égaux qui donnent à chacun sa

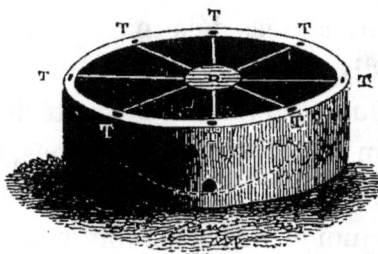

Fig. 48. — Auge circulaire en bois.

gamelle distincte, et les cloisons sont façonnées en
voûtes comme celles de l'auge de M. Pavy. Le fond est
formé de deux plans inclinés, convergeant l'un vers
l'autre et aboutissant à une ouverture inférieure O par

laquelle s'échappent les eaux qui ont servi au lavage, au nettoyage.

Le bord supérieur de l'auge porte huit trous, T, T, destinés à recevoir le râtelier, figuré sous le numéro 49, et que l'on installe sur l'appareil lorsqu'on donne aux animaux des fourrages verts ou fibreux, herbes et foin.

Il est temps de quitter les auges en bois. On en fabrique de très-simples en briques maçonnées et en

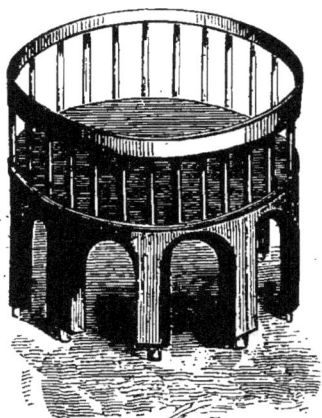

Fig. 49. — Râtelier circulaire s'adaptant sur l'auge représentée par la figure 48.

béton. Elles ont leurs avantages, ceux-ci entre autres, de s'approprier très-facilement et de durer longtemps, Leur forme est nécessairement très-variable.

Les *auges en fonte*, imaginées par les Anglais, sont en quelque sorte la perfection, mais elles sont d'un prix élevé. Je ne puis pourtant pas les passer sous silence.

Voici d'abord l'auge circulaire, une manière de

bijou en son genre. Elle occupe peu de place et présente plus de capacité qu'une autre de même étendue. Elle est divisée (*fig.* 50) en huit compartiments
très-faciles à tenir propres, attendu que la pièce de
fer centrale d'où rayonnent les séparations intérieures
tourne et pivote sur elle-même ; mais elle coûte de 35

Fig. 50. — Auge circulaire en fonte.

à 40 francs. Aussi ne se répand-elle qu'avec une extrême lenteur.

On en fait encore d'autres formes ainsi qu'on le voit
par la figure 51, et alors on les recouvre d'une planche
portant des ouvertures par lesquelles les animaux
prennent leurs aliments sans pouvoir ni les gâcher ni
les gaspiller.

J'en aurai fini avec les auges mobiles, si je mentionne
encore celle dite *à tiroir* dont la manœuvre est difficile

et désagréable en ce qu'elle occasionne des pertes de
nourriture qui fermente vite dans les coins où elle
pénètre. Elle n'est point à recommander, et partout où
son emploi pouvait offrir quelque avantage, on lui a
heureusement substitué les auges fixes qui vont m'occuper à présent.

On les construit en bois, mais bien plus souvent en
briques ou en pierre et en fer.

« Les auges en briques et en pierre, dit M. P. Darder
à qui je reviens par la raison que je ne ferais pas mieux,

Fig. 51. — Auge en fonte avec dessus à coulisse.

se divisent en auges à cloison fixe, en auges à volet, et
en auges à rigole verticale.

« 1° *A cloison fixe.* — La figure 52 représente en
coupe la disposition de cette auge. La partie destinée
à recevoir les aliments est en briques bien cimentées à
l'intérieur. La cloison fixe peut être faite en planches
que l'on scellera à l'intérieur de la loge, aux deux tiers
de la largeur des montants, et on aura soin de ne pas
la faire descendre au delà des bords de l'auge.

« La partie supérieure du mur de la cloison devra
être terminée par un chaperon, fait au moyen de deux

11.

ou plusieurs briques mises à plat et cimentées, afin

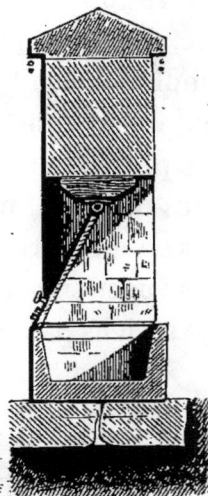

Fig. 52. — Auge à cloison fixe.   Fig. 53. — Auge à volet oscillant.

de rejeter les eaux pluviales au dehors de l'auge.

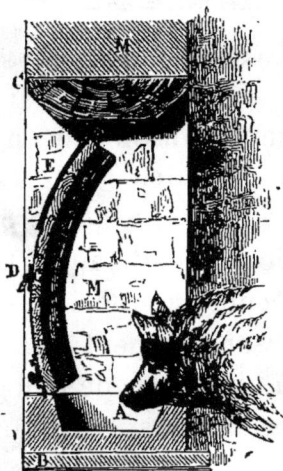

Fig. 54. — Auge à volet concave.

« 2° *A volet.* — Le volet ou cloison oscillante peut être

droit comme dans la figure 53, mais il serait plus avantageux de le faire concave du côté de l'animal, afin de
lui laisser le plus de place possible. La figure 54 représente en coupe une auge de ce genre, que M. Allier a
fait établir à la porcherie modèle de Petit-Bourg.

« Nos lecteurs comprendront facilement que lorsqu'il

Fig. 55. — Volet concave, vu de face.

s'agit de donner à manger aux animaux ou de nettoyer
l'auge, on poussera le volet en dedans, et on le ramè-
nera à soi lorsque l'auge sera remplie. Ce volet, vu de
face (*fig.* 55), est maintenu au bord extérieur de
l'auge par un verrou.

« 3° *A rigole verticale.* — Cette auge, représentée

figure 56, est d'une construction beaucoup plus coûteuse que celle de la figure 52, et exige de la part du porcher plus d'attention dans le nettoyage, à cause de
l'espèce d'entonnoir qui termine la rigole à sa partie
supérieure, et plus de soin pour verser les aliments
dans l'auge. Pour ces deux raisons, nous n'en conseillons pas la construction.

Fig. 56. — Auge à rigole verticale.

« *Auges en fonte et à volets oscillants.* — La plus belle
dans ce genre est certainement celle inventée par l'Anglais Torr, et construite par Crosskill; mais pour nous,
elle a deux défauts : son prix élevé l'empêche d'être
accessible à tous les éleveurs, et elle est beaucoup
trop compliquée (*fig.* 53).

« Mais voici, figure 57, une auge à trois compartiments qui est très-convenable; toute en fer et fonte,
elle présente le grand avantage de permettre le remplissage et le nettoyage du côté extérieur du bâtiment,
sans dérangement pour les animaux et sans dommage
pour le porcher. — Les mangeoires de ce genre sont
placées dans une ouverture d'égale dimension ménagée dans le mur d'enceinte de la loge ou de la cour,
de la manière indiquée par la figure, dans laquelle on
voit le mur sur la droite de l'ouverture, celui de

Fig. 57. — Auge anglaise de fonte, à volet simple, pour trois porcs.

gauche étant supposé enlevé pour laisser mieux voir la
forme de la mangeoire; l'auge a 1^m,22 de longueur,
0^m,406 de largeur au sommet, 0^m,203 au fond et 0^m,228
de profondeur. Les deux plaques extrêmes commencent à prendre la forme triangulaire à la hauteur de
1 mètre environ, et sont assemblées dans le haut par
une traverse en fer boulonnée à ses deux extrémités.
La portion la plus basse de ces deux plaques extrêmes
forme une cloison s'étendant à 1 mètre vers l'intérieur;

deux cloisons intermédiaires de même longueur divisent l'auge en trois compartiments ; elles ont 0ᵐ,553 de hauteur.

Par ces divisions, chaque animal, ayant sa stalle, ne peut être dérangé par ses voisins. Un volet, oscillant autour d'un axe horizontal que l'on voit un peu au-dessous de la traverse supérieure, remplit l'ouverture du mur, tout en permettant de donner la nourriture de l'extérieur. Dans la figure, le volet est figuré poussé et retenu de l'extérieur, tel qu'il doit être placé pendant que les animaux mangent ; il est retenu dans cette position par un verrou glissant verticalement à l'extérieur. Lorsque les aliments doivent être introduits dans l'auge, le verrou est retiré et le volet amené de cette position extérieure à l'opposée, où il est retenu par le verrou jusqu'à ce que les compartiments de l'auge soient nettoyés et remplis de nourriture ; alors le volet est de nouveau ramené à la position extérieure indiquée par la figure. — Ce volet est percé de fentes permettant le passage des cloisons pendant sa marche oscillante. Une saillie, qu'il est facile de voir du côté gauche, est laissée à chaque cloison extrême ; elle pénètre dans le mur des deux côtés et retient ainsi parfaitement la mangeoire.

« *Placement des auges*. — Les endroits les plus convenables pour le placement des auges ne peuvent pas être indiqués d'une façon absolue ; cependant nous dirons que les auges à porcelets doivent être placées de préférence au milieu des cours ; les auges à porcs d'engrais devront être, autant que possible, placées sur la face de la loge donnant dans les passages.

« *Comparaison des auges entre elles.* — Les auges en bois présentent bien quelques inconvénients au point de vue de l'hygiène des animaux, mais ils ne sont pas aussi grands qu'on a bien voulu le dire ; en ayant soin de les bien nettoyer, elles peuvent même remplacer toutes les autres. Lorsqu'on donnera aux animaux des résidus de brasserie ou de distillerie, il sera utile de couvrir les auges d'une tôle assez forte ou d'une lame de zinc, afin de les garantir de la moisissure et des morsures des animaux.

« Les auges en pierre sont très-bonnes, mais, en raison de la main-d'œuvre qu'elles demandent, elles coûtent très-cher.

« Les auges fixes en briques, bien construites et bien cimentées peuvent rendre de très-bons services ; cependant comme elles sont d'une conservation difficile, nous préférons celles en bois ou en pierre.

« Les auges en fonte seraient préférables à toutes les autres, car elles durent beaucoup plus longtemps, elles sont plus faciles à nettoyer et les aliments s'y conservent parfaitement, mais leur prix élevé en empêchera l'usage pendant longtemps dans la généralité des porcheries. »

Que le lecteur ne se rebute pas ; le sujet est important, et d'ailleurs mes observations ne seront plus ni longues ni compliquées.

Il faut savoir quelle capacité donner à l'auge. Celle d'un porc adulte doit supporter une contenance de 10 à 12 litres. On lui donne en profondeur $0^m,15$ à $0^m,18$, et en largeur de $0^m,30$ à $0^m,35$ sur $0^m,50$ de longueur pour une tête isolée, $0^m,40$ seulement pour plusieurs, y compris l'épaisseur des séparations qui déterminent une place distincte pour chacun et empêchent les animaux de se disputer la ration. On élève le bord supérieur de l'auge au-dessus du sol, en raison de l'élévation de la taille, — soit au minimum de $0^m,20$, au maximum de $0^m,35$.

Suivant les dispositions adoptées, les auges s'emplissent de l'intérieur ou de l'extérieur de la loge. La première manière a plus d'un inconvénient et oblige à des contacts qui manquent d'agréments. Je la condamne à peu près absolument, car je ne lui vois, en réalité, aucun avantage. Elle rend difficile le service, et malaisé l'entretien de la propreté.

La seconde manière n'offre aucune complication et remédie à tous les inconvénients de l'autre ; elle fait qu'on peut apporter à volonté la nourriture et nettoyer à fond les auges sans déranger les animaux, sans en être incommodé, surtout. Le système adopté à cet effet présente, on l'a vu, maintes variétés dans ses formes, mais toutes partent de ce principe : tenir l'animal séparé de l'auge, tandis qu'on l'emplit ou qu'on la nettoie; que celle-ci, d'ailleurs, soit une espèce de tiroir que l'on tire ou repousse à volonté, soit qu'on l'isole de l'habitant de la loge par un volet mobile pour la remettre ensuite à la portée du consommateur. C'est toujours même chose, et j'insisterai sur ce point, chose beaucoup plus simple qu'on ne le supposerait à voir toutes les variations qu'elle affecte et qui n'ont été, il faut bien se l'avouer, que des tâtonnements pour arriver à un type satisfaisant. Pour moi, je les abandonnerais sans hésiter, même les plus préconisées, pour m'en tenir à un modèle peu connu, dont je n'ai lu la description nulle part, mais que j'ai vu en pratique à la complète satisfaction d'un éducateur des plus intelligents.

Soit donc une auge établie sur le devant et en dehors de la loge, formant coffre, pour ainsi dire, et couverte en manière de toit ou en tabatière, d'un couvercle mobile fixé à charnières. Sur sa face, et en regard, la cloison de la loge porte une ouverture ovalaire par laquelle l'habitant vient s'attabler à ses heures : veut-on mettre quelque aliment dans la mangeoire, qui peut être en bois, en pierre, en briques, en béton, l'ouverture ovalaire est fermée par un volet qui descend verticalement entre deux coulisseaux et qui est maintenu par la cheville en fer ou en bois qui le retenait dans la position qu'il vient de perdre. Alors on relève le couvercle du coffre et l'on opère comme on l'entend, libre de toute sujétion, en l'absence de l'animal ainsi tenu en respect, et l'on vide, on nettoie, on aère ou l'on emplit son auge sans être ni inquiété, ni tourmenté par des agitations ou des sollicitations inopportunes, par les exigences ou les impatiences de la bête. La besogne terminée, on abaisse le couvercle sur l'auge, puis on relève le volet mobile, dont on avait fermé l'ouverture ovalaire, si le moment est venu de remettre le porc en communication avec sa mangeoire. Rien de plus simple, je le répète, de plus commode et de plus économique.

Après cela donc, on peut tirer l'échelle et laisser libre cours à l'imagination ou à la fantaisie pour faire moins bien et plus chèrement, si l'on ne veut pas s'en tenir à la perfection.

Tout ce qui porte ou contient la nourriture des animaux, râteliers et mangeoires, crèches, auges, seaux, ustensiles quelconques, doit être entretenu avec la propreté la plus recherchée. L'auge du porc ne fait pas exception, il s'en faut. Loin de là, je demanderai pour elle des soins d'autant plus minutieux ou raffinés qu'on l'emplit à l'habitude d'aliments plus fermentescibles. Elle a besoin d'être fréquemment lavée, lavée à grande eau et séchée. C'est une raison de plus pour la disposer de façon à ce que les lavages répétés ne puissent introduire dans la loge aucune cause d'humidité nuisible.

6. — DISPOSITIONS PARTICULIÈRES ET D'ENSEMBLE.

Précaution oratoire. — *Non bis in idem*. — Logement pour quatre.
— Les porcheries climatériques. — Deux types à recommander.
— Une disposition nouvelle. — *Basta cousi*.

Il me resterait à parler des dispositions spéciales de
l'habitation et à parcourir, en compagnie du lecteur,
une assez longue route à travers les variétés sans nombre de porcheries ; porcheries simples, avec ou. sans
cours extérieures, préaux du genre, avec ou sans couloir de service ; toits isolés ou loges réunies et diversement groupées, suivant l'âge, le sexe, la destination ;
porcheries doubles, triples, multiples, que sais-je ?
avec toutes les variantes imaginables et les cent et une
complications du simple confort, ou du luxe et de la
fantaisie, avec les lacunes aussi plus ou moins regret-
tables de l'ignorance ou de l'incurie.

Mais le sujet, vu sous cette face, m'a déjà longuement et minutieusement occupé en ce qui a trait aux
inconvénients ou aux avantages de chaque forme en
particulier. L'application à faire de ce qui a été dit précédemment à la porcherie est chose très-aisée. Cela me
dispense de revenir sur mes pas, et d'éclairer une voie
suffisamment explorée.

Je ne veux pourtant pas qu'on m'accuse d'abandonner l'éleveur à mi-côte, et d'avoir négligé de mettre sous ses yeux, en manière de types, quelques exemples de constructions bien entendues sous le rapport de l'ensemble : cette tâche me sera d'autant plus facile que livres et journaux ont donné, dans cette dernière année, de bonnes descriptions et d'excellentes gravures, qui tombent dans le domaine public.

Voici d'abord pour une porcherie destinée au logement de quatre têtes. J'emprunte le travail au *Traité des*

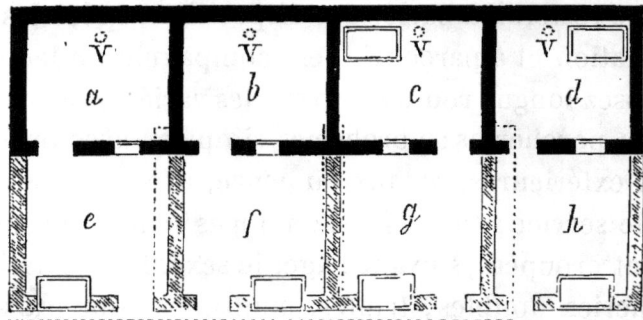

Fig. 58. — Porcherie composée de quatre loges. — Plan.

constructions rurales de M. L. Bouchard-Huzard, que j'ai eu plus d'une fois l'occasion de citer avec éloge ; les figures 58, 59 et 60 représentent le petit établissement en plan, en élévation intérieure et extérieure, celle-ci donnant une coupe à travers la cour.

«Les loges *a*, *b, c, d* sont entièrement construites en moellons, ainsi que les murs qui entourent les cours *e*, *f, g, h*. Chacune d'elles est surmontée d'un petit grenier, et ventilée par une fenêtre et une petite cheminée formée de deux bouts de tuyaux en poterie ; l'emplacement en est indiqué au plan par des cercles ponctués V, V.

« Les loges ont pour dimensions $3^m \times 2^m,50$, et les cours $3^m \times 3^m,50$. Les lignes ponctuées sur le plan

Fig. 59. — Elévation extérieure de deux loges à porcs.

indiquent la direction des rigoles d'écoulement pour les urines.

« Les portes des loges sont munies d'une ferrure telle qu'il suffit au porc de les pousser pour qu'elles

Fig. 60. — Élévation intérieure d'une loge à porc ou coupe à travers la cour.

s'ouvrent quand il veut passer soit de la loge dans la cour, soit de celle-ci dans sa bauge ; elles se referment par leur propre poids. Un verrou fixe la porte lorsqu'on désire interrompre la communication entre ces deux parties. Les portes pourraient être supprimées, si la porcherie était située dans une contrée où l'on n'eût point à redouter un froid trop rigoureux.

« Les auges sont placées dans la cour de manière à ce que l'on donne à manger aux animaux du dehors. Deux des loges *c* et *d* ont, en outre, des auges dans l'intérieur, pour le cas où l'on ne voudrait pas que les animaux sortissent dans les cours. Ces auges supplémentaires sont portatives ou fixes : nous indiquerons pour elles trois positions différentes. La première est celle figurée par notre dessin (*fig.* 58), il faut pénétrer dans la loge pour remplir l'auge. Dans la seconde, les auges sont à la même place, mais un trou percé dans la paroi correspondante permet de les remplir du dehors, en passant derrière la construction. Dans la troisième enfin, les auges sont ramenées en avant, et un trou est encore pratiqué dans la paroi qui leur correspond ; on les remplit alors en pénétrant dans la cour, mais sans qu'il soit nécessaire d'entrer dans la loge. »

Les figures 61 et 62 montrent un tout autre type. Cette porcherie, conçue et construite par un agriculteur du Var, M. Girard, répond aux exigences d'un climat chaud. Elle consiste en un bâtiment rectangulaire, faisant face au plein midi. Elle a un premier étage, utilisé comme grenier à fourrages ; mais le dessus des loges n'est couvert qu'à distance et l'air ne rencontre, là, aucun obstacle à son déplacement, à son renouvellement incessant. Les loges sont donc établies sous le grenier comme elles auraient pu l'être sous un hangar. Cette disposition est bonne et bien entendue ; l'espace vide entre les petites boxes et le plancher du grenier mesure 1 mètre d'élévation.

Chaque loge B a au-devant d'elle sa cour A où se

Fig. 61. — Porcherie de M. Girard, à La Valette (Var).

trouve l'auge servie du dehors et fermée par un tube C. Derrière règnent un couloir et la fosse à fumier D. L'eau vient abondamment à la porcherie où l'on a

Fig. 62. — Porcherie de M. Girard, à La Valette (Var).

disposé en suffisance des robinets pour tous les besoins, y compris celui de l'arrosage du fumier lorsque son état de fermentation le comporte.

La porcherie de la ferme-école de Mandoul (Tarn) dirigée par M. H. de France a été construite d'après les mêmes idées. Elle se compose de huit loges formant le côté d'une petite cour. Deux de ces loges, destinées aux truies portières, communiquent par de petites ouvertures fermant à coulisse, avec une loge placée entre elles et divisée en deux compartiments où l'on peut faire passer les gorets lorsqu'on veut leur administrer, hors de la portée de la mère, quelque supplément de nourriture. Cette disposition a, en outre, l'avantage de laisser quelque répit à la pauvre nourrice lorsque l'appétit des jeunes commence à dépasser l'activité physiologique des mamelles. De la sorte, enfin, bien des accidents peuvent être prévenus, et le sevrage devient plus facile. Tout cela offre une excellente imitation à l'éducation des gorets, de la boîte d'élevage des poussins.

Le verrat a sa box distincte ; les jeunes bêtes sevrées sont mises deux à deux ou trois par trois dans leurs cases respectives, suivant leur force, etc. Les adultes à l'engrais sont placés par paires dans des loges dont le plancher est à claire-voie; dans toutes les autres, l'aire est dallée en pierre. Les auges ont autant de séparations, des mangeoires proprement dites, que la loge doit contenir d'habitants.

Toutes les auges sont en granit, et placées en dehors des loges; une porte pp', suivant la position qu'elle occupe, en permet l'accès aux porcs ou le leur interdit, pour faciliter le nettoyage et la distribution des repas.

La construction est faite de la manière la plus économique : les murs sont construits en pierres reliées
par un ciment d'argile et de sable, et revêtus d'un
crépi de mortier à chaux et à sable; ils n'ont tous,
excepté les pignons, que 2 mètres de hauteur au-dessus du sol des loges, qui est lui-même exhaussé de
$0^m,50$ au-dessus du sol environnant; de sorte que tout
le comble reste libre pour la circulation de l'air, le
plafond des loges n'étant fermé que par quelques solives, sur lesquelles on peut jeter, par les grands froids,
des fagots ou un peu de litière; les seules loges destinées aux truies et aux petits cochons ont un plafond
fait de mauvaises planches mal jointes. Outre cela, les
loges reçoivent l'air et la lumière par la partie supérieure des portes, qui est à claire-voie, et d'une fenêtre placée au-dessus de l'auge, et qui se ferme par
un volet à coulisse; pour les gorets, l'ouverture de la
partie supérieure des portes se ferme avec un volet
placé pour pouvoir les tenir chaudement l'hiver.

Sur le devant, un auvent, soutenu par des piliers en
bois met en hiver les gens de service à couvert, et,
pendant l'été, soustrait en partie la façade à l'action
directe des rayons du soleil.

La toiture, formée de planches de sapin, de $0^m,015$
d'épaisseur, clouées dans le sens de la pente et dont
les joints sont recouverts par des liteaux de $0^m,08$ ou
$0^m,10$ de largeur, est supportée par une légère charpente en peuplier, reposant sur les murs extérieurs et
sur quelques poteaux en chêne; elle est enduite de
plusieurs couches de goudron de gaz, épaissi par de la

12

chaux fusée et saupoudrée ensuite avec du sable fin et terreux.

Derrière et le long du mur extérieur règne un fossé qui reçoit les urines des loges dallées, et où l'on met de mauvaises herbes ou autres matières absorbantes qui vont grossir le tas de compost dès qu'elles sont suffisamment humectées.

La cour est fermée par une porte à coulisse de 2 mètres de large, roulant au moyen d'un rail en fer scellé au linteau et au mur adjacent, auquel elle est suspendue par trois chapes en forme de crochet, portant chacune une roulette cannelée en fonte. Par le bas, elle est retenue contre le seuil par deux dés en pierre, placés, l'un au milieu de l'ouverture, l'autre près de celui des montants, vers lequel elle est poussée quand on ouvre. Ce mode de fermeture est très-commode par le peu d'espace qu'il demande pour son jeu, et parce que, lorsque la porte est ouverte, elle n'est pas exposée à battre à tous les vents, qui sont très-violents dans ce pays-ci.

M. Grandvoinnet a fait connaître une nouvelle disposition d'ensemble qu'il me semble bon et utile de rappeler ici et dont le plan (*fig.* 63) fera facilement comprendre le mérite.

Située dans un coin de l'enceinte des bâtiments de la ferme, cette porcherie forme comme une espèce de cour spéciale dans laquelle se trouve réuni tout ce qui concerne les porcs ; loge, cour, mare, chambre de préparation et de cuisson des aliments, et logement du porcher.

Le bâtiment carré A est ce qu'on appelle vulgaire-
ment la cuisine ou chambre de préparation des aliments ; ses dimensions sont de 6 mètres sur chaque
face : elle renferme deux auges fixes construites en
même temps que le mur, et dont le bord supérieur
est à 0^m,66 environ du sol : leurs parois extérieures,
épaisses de 0^m,13, sont en briques garnies d'une bonne

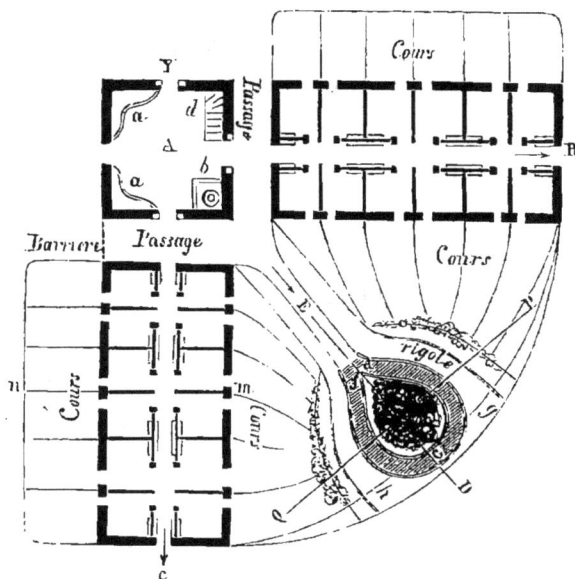

Fig. 63. — Plan d'une nouvelle porcherie.

couche de ciment romain. La largeur de ces auges est
de 0^m,60 et leur profondeur de 0^m,40. Dans le coin b
de la cuisine se trouve un petit fourneau pour cuire
la viande de cheval. En d, un escalier de quatorze
marches conduit au premier étage, qui sert de logement au porcher, et de magasin au besoin. Entre les

deux auges *a*, *a* et le centre de la cuisine peut se placer un appareil Stanley pour cuire à la vapeur les aliments destinés aux porcs.

Deux bâtiments, B et C, de chacun douze loges, tête à tête, communiquent avec la cuisine A par deux couloirs séparant les deux rangs de loges, et sur lesquels ouvrent les auges. L'alimentation exige donc peu de travail de la part du porcher, et deux passages couverts facilitent le service de l'extérieur à l'intérieur, et réciproquement. Sur les passages sont de petits magasins communiquant avec le logement du porcher, qui de là, et sans descendre, peut surveiller les vingt-quatre loges par des œils-de-bœuf ménagés dans les pignons des deux bâtiments d'équerre du côté de la cuisine.

Chaque loge a sa petite cour. A l'intérieur, une mare *dfc* permet de laver et de baigner les porcs avec une grande promptitude, sans fatigue pour le porcher et sans tracasserie pour les animaux. Cette mare n'est en réalité qu'un fossé formant un cercle entier : la profondeur d'eau, nulle à l'origine, va en augmentant doucement et continuellement du point *d* au point *c*, et diminue ensuite suivant la même loi de *c* en *f*, où elle est nulle. Les porcs amenés par les passages et engagés un à un dans le couloir ED, de 0ᵐ,60 au plus de largeur, ne peuvent revenir sur leurs pas : arrivés en *d*, une porte poussée de ce côté ne leur laisse que la possibilité d'entrer dans l'eau en *f*, et de suivre le fossé, trop étroit pour qu'ils puissent se retourner ; ils sont donc forcés de parcourir le cercle entier ; en *c* ils sont complétement immergés et doivent nager pendant quelque temps avant de reprendre pied ; ils reviennent en *d,* la porte est poussée en *f* pour les laisser rentrer par le couloir même qui a servi à les introduire.

Le terre-plein compris par la mare à couloir doit être *planté* et former une espèce de bosquet procurant de l'ombre aux porcs.

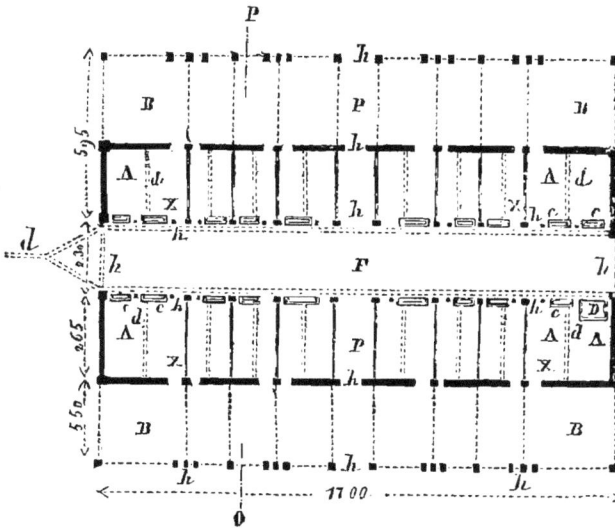

Fig. 64. — Plan de la porcherie de l'école de Bois-Bougy.

Voici enfin, sous les nᵒˢ 64, 65 et 66, trois figures représentant en plan, en coupe transversale et en élévation un établissement qui a quelque réputation, la porcherie de l'école pratique d'agriculture de Bois-Bougy dans le canton de Vaud, en Suisse.

Quelques mots, dit son directeur, M. E. Peysseire,

12.

suffiront pour expliquer la signification des lettres
que portent ces dessins.

Les cases des porcs A (*fig.* 64) sont séparées par des
cloisons X ; les auges sont représentées par les lettres

Fig. 65. — Coupe transversale de la porcherie de Bois-Bougy, suivant la
ligne OP du plan (*fig.* 64).

c, c. Toutes les cases ouvrent sur des boxes B, où les
animaux peuvent se promener en plein air. On voit en
h les portes des cases et des boxes ; D est une fontaine
avec bassin ; F, une allée transversale pour le service

Fig. 66. — Élévation de la porcherie de Bois-Bougy.

de la porcherie. Les compartiments P, P servent à serrer la paille et les aliments; toutefois on peut à la rigueur y mettre aussi des porcs. Les urines s'écoulent
par de petites rigoles *d,d* couvertes d'un plancher per-

foré, dans deux rigoles principales placées de chaque côté de l'allée de service; de cette façon on ne perd pas une seule goutte de purin.

La porcherie est couverte en tuiles; mais pour protéger les animaux soit contre le froid durant la mauvaise saison, soit contre la chaleur pendant l'été, il y a, sous la couverture extérieure, entre les chevrons, une épaisse couche de paille retenue en dessous par un gros treillage en lattes minces de bois. Un plafonnage règne au-dessus d'une partie des cases. Les cloisons de séparation entre les cases sont en planches et mobiles, en sorte qu'on peut agrandir les cases à volonté.

Les cloisons et les portes qui donnent sur l'allée de service, hautes de $1^m,50$, sont à claire-voie; en sorte que la personne qui soigne les porcs les voit tous ensemble, sans que les animaux se voient entre eux.

Pour éviter le froid en hiver, les portes qui donnent des cases dans les parcs sont doubles.

Les couvercles des auges (*fig.* 65) sont suspendus en o, ils tournent sur leur axe, et se fixent en x lorsqu'on sert la nourriture, et en y pour laisser manger les animaux.

Les trois fenêtres de côté q (*fig.* 66) s'ouvrent à châssis. Au moyen des précautions prises, des rigoles d'écoulement, de la cheminée du centre N et du grand cube d'air que contient le bâtiment, la porcherie est entièrement saine et sèche, l'aération est parfaite.

Je m'arrête ici, croyant avoir fait en raison des besoins, dans la mesure même du nécessaire. L'utilité

du porc est si grande et si générale, l'élevage de cet
animal offre de telles ressources à tous, que je voudrais
le voir bien logé partout et, *ipso facto*, oui, par cela
même, donner plus de produits et de meilleurs produits.

E — LES HABITATIONS DE LA BASSE-COUR

Une simple entrée en matière. — Importance des animaux de basse-cour. — Du simple au double.

La basse-cour est comme un diminutif de l'arche de Noé. C'est là qu'on relègue, que l'on confine, qu'on réunit, tout en faisant mentir le proverbe, les bêtes qui se ressemblent le moins, les petites espèces domestiques, — lapins et volailles de toutes sortes, — lesquelles même prennent l'appellation générique d'animaux de basse-cour, appellation familière, usuelle, peu zoologique, sans doute, mais élastique et commode, dont tout le monde se sert sans scrupule scientifique, sans prétention au purisme, et que tout le monde comprend, par la raison toute simple que personne n'y met de mauvaise volonté.

Ceci n'est pas ordinaire, mais très-rare; il faut y applaudir.

L'importance collective des animaux de basse-cour, déjà très-considérable, paraît devoir s'accroître beaucoup encore dans un avenir très-rapproché. Elle a probablement doublé pendant les vingt-cinq dernières années. Ceci a été l'œuvre de la ménagère, œuvre accomplie sans bruit, sans ostentation, sans provocation, en dehors de tout encouragement, voulais-je dire, mais œuvre capitale et productive qui attire l'attention aujourd'hui par les résultats internationaux et un peu inattendus qu'elle donne lorsque d'autres productions, fort sollicitées par des primes et des combinaisons très-variées, ne lui viennent pas à la cheville. Honneur à nos ménagères pour ce premier pas dans une voie nouvelle, précieusement ouverte pour remplacer une foule de petits chemins qui n'aboutissaient précédemment qu'à des impasses.

Prise isolément, chacune des espèces qu'on met dans la basse-cour a sa valeur et ses mérites particuliers assez bien définis et appréciés. De toutes, en l'état actuel, on tire avantage alors même qu'on les traite à la diable, avec plus d'abandon que de sollicitude. On en obtiendrait de bien autres proportionnelles si on avait pour elles les attentions les plus simples de l'hygiène. Or, parmi ces dernières, comme le lecteur qui a eu la patience ou la curiosité de me suivre jusqu'ici le sait, une bonne habitation, un logement salubre et confortable, ce qui est à peu près même chose, constitue l'un des premiers et des plus essentiels éléments de succès. C'est par millions que se comptent et que se totalisent les revenus de nos basses-cours, et pourtant, on commence à le comprendre aujourd'hui, ils n'atteignent guère qu'à la moitié du gros chiffre qu'ils pourraient donner, qu'ils donneraient, si l'intelligence et les bons soins se mettaient de la partie.

Qu'on y pense donc, la chose en vaut la peine, et

que l'on prenne en très-sérieuse considération les idées pratiques, les règles établies par l'expérience qui doivent présider à la construction et au bon aménagement des habitations des animaux de la basse-cour.

1. — LE CLAPIER

A proprement parler, le clapier est un lieu où le lapin se retire pour se dérober à la vue. Par extension, c'est ou la loge dont on fait son habitation, ou le local dans lequel on le met à la gêne, dans lequel l'espèce est appelée à se nourrir et à se multiplier en domesticité. Plusieurs sortes d'établissements sont ainsi consacrés à ce petit animal, savoir : des loges ou cabanes pour renfermer quelques individus isolés ; des clapiers où le nombre grossit et prend une certaine importance, et enfin des garennes où l'animal vit plus près de l'état de nature que de l'état domestique ou de captivité étroite.

Moins on accorde d'espace au lapin pour prendre ses ébats, plus il grandit et devient corpulent ; plus il séjourne dans une atmosphère non renouvelée, moins vaut sa chair. Les relations entre le poids et la qualité de la viande sont généralement en raison inverse ; mais ce résultat n'est que la conséquence d'une mauvaise hygiène ou, plus exactement, de la privation d'air renouvelé, toujours respirable, de la malpropreté et de ses effets malheureusement trop certains. Il est facile, au contraire, tout en ayant le bénéfice de la captivité, de n'en avoir pas les inconvé-

nients. Cet autre résultat est le prix d'une hygiène confortable, de la salubrité et de la propreté dans les
habitudes ordinaires de la vie. Une alimentation insuffisante et de mauvaise nature ne ferait pas plus la
viande savoureuse, ferme, de bon goût, que ne la ·
feraient telle l'air irrespirable et la malpropreté. Dis-
moi ce que tu manges, je te dirai ce que tu vaux, n'est
que la moitié d'un axiome physiologique d'une grande
vérité ; il faut ajouter à la nature des aliments la qualité et la quantité d'air pur fournies à l'acte respira
toire. Je rappelle ces choses, à raison de l'importance
extrême qu'elles acquièrent sur les animaux que leur
petite taille et leur réclusion constante tiennent en
contact immédiat et non interrompu avec les gaz
délétères et les matières putrescibles accumulées dans
leur habitation.

Si peu difficile que soit le lapin, on ne lui accorde
pas encore le nécessaire ; c'est une faute contre lui et
contre soi, car, s'il peut vivre pauvrement en mettant
plus de temps à croître et à mûrir, il n'est, — j'insiste,
— ni de bonne qualité ni aussi productif qu'il doit l'être,
si on ne laisse pas arriver jusqu'à lui l'air pur, une
chose qui ne s'achète pas ici et dont on ne sait pas
profiter autant que de raison, si on le tient, contrairement à ses goûts d'ailleurs, sur la fange, dans une
atmosphère infecte. L'éleveur paye souvent cher les
conséquences de son incurie ; car, en l'espèce, de grandes mortalités, dont on ne veut pas rechercher la
cause, emportent d'un seul coup des éducations entières. Je ne sache pas que ces pertes décourageantes

13

aient lieu où l'air et la propreté ne sont pas ménagés aux animaux.

Mais je reviens à la définition même de la demeure du lapin, car il me semble que je ne l'ai pas donnée entière. Effectivement le mot *clapier* ne rend qu'imparfaitement l'idée de ce que doit être l'habitation de cet animal. Il s'applique plus au terrier proprement dit, au trou dans lequel il vit à l'état sauvage, qu'à la cabane dans laquelle on loge assez habituellement le lapin domestique. Cependant, cabane ne dit point assez. Une expression plus large est nécessaire quand il s'agit de désigner un ensemble. On a proposé de dire *lapinière;* le mot pourrait être adopté. Pour ma part, je n'y vois aucun inconvénient.

Autant que la porcherie ou la bergerie, une lapinière serait donc une habitation spéciale, l'habitation appropriée aux animaux de l'espèce du lapin, et elle se composerait d'un nombre variable de cabanes renfermant un ou plusieurs individus. Nous arrivons de la sorte et du premier coup à reconnaître qu'il y a des cabanes à l'usage particulier des reproducteurs, des cabanes d'élevage, et d'autres encore pour l'engraissement. Eh bien! tout cela réuni, cet ensemble, c'est le clapier ou, si on aime mieux, la lapinière.

a. Un clapier est bientôt fait, car la forme et l'étendue peuvent varier à l'infini suivant l'importance de l'élevage, lequel s'exerce très-diversement sur deux ou trois têtes seulement ou sur plusieurs milliers à la fois. C'est ainsi que l'éducation du lapin, qui peut devenir une industrie considérable entre les mains de quelques-uns, est néanmoins, avant tout, à la portée des plus petits ménages. Une cour, une partie de grange, un bâtiment quelconque, un simple hangar, un mauvais grenier, une baraque, voire un tonneau, une caisse, une boîte telle quelle, servent d'ordinaire au logement du lapin. On le met partout et il s'accommode de tout, si l'on fait, autour de lui, salubrité et propreté.

Laissons donc en dehors de toutes autres règles et recommandations oiseuses les petits clapiers dans lesquels peuvent se succéder de petites éducations utiles et profitables à ceux qui s'y livrent, mais disons ce que serait une cabane type, soit un vieux tonneau.

Pour compliqué que puisse paraître l'arrangement, il est simple, tout rustique, à la portée de tous et demande plus d'attention facile que de dépense.

b. Lorsqu'il est disposé comme je l'entends, je le vois couché sur le flanc, à quelque distance du sol, comme il serait à la cave s'il était plein (*fig*. 67 et sa légende).

Aux deux tiers de sa longueur a été pratiquée, dans le dessus, une large porte transversale. Je l'ouvre et j'aperçois un râtelier formant cloison. A l'intérieur, il y a donc deux compartiments d'inégale grandeur avec communication, libre ou interceptée, de l'un dans l'autre, par une petite trappe à coulisse, laquelle se manœuvre, suivant les besoins, au moyen d'une ficelle ou d'une petite tige en fer qui sort du tonneau près de l'ouverture extérieure et supérieure du râtelier.

Celui-ci repose sur un plancher grossier, qui détruit, à cette hauteur, la forme arrondie du tonneau ; il est mal joint, ou percé de petits trous, de façon à laisser passer les urines qui se rendent dans une rigole ou

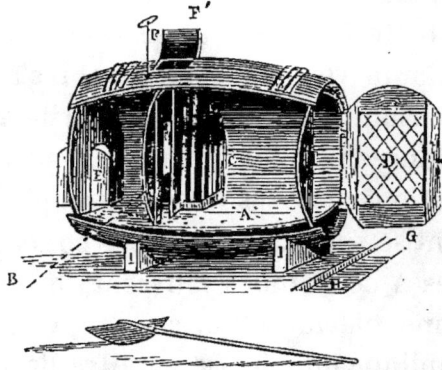

Fig. 67. — Coupe en élévation perspective d'un tonneau-cabane à deux compartiments.

A. Plancher percé de trous pour l'écoulement des urines ;
B. Partie de la cloison intérieure portant la porte de communication ou de séparation complète des deux compartiments ;
C. Râtelier double complétant la cloison séparative en deux chambres ;
D. Porte grillée donnant accès dans la plus grande des deux pièces ;
E. Porte pleine donnant accès dans le plus petit des deux compartiments ;
F. Tige en fer ou simple ficelle servant à ouvrir ou à fermer la petite porte intérieure ;
F'. Trappe servant à l'introduction des fourrages dans le râtelier ;
G. Échancrure ménagée au bas de la porte pour l'écoulement des urines dans la rigole ;
H. La rigole ;
I, I. Supports d'inégale hauteur pour éloigner le tonneau du sol ; au-dessous, petite râclette servant au nettoyage de la partie du tonneau qui reçoit les urines.

disparaissent, absorbées qu'elles sont dans les matières sèches, cendres, terre cuite, etc., qu'on place sous le plancher, dans la partie vide du tonneau.

En arrière du plus petit des deux compartiments, il

y a une porte de petites dimensions, qui permet le nettoyage facile de la pièce servant de chambre à coucher, de refuge en cas d'alerte, et de lieu d'élection aux mères pour y faire leur nid, pour mettre bas et allaiter en toute sécurité les petits. A l'opposé, c'est une porte grillagée, s'ouvrant toute grande, par laquelle on introduit les habitants et l'on nettoie la grande pièce, salle à manger et salon tout à la fois.

Et puis c'est tout. Cette cabane répond à tous les besoins, à tous les instincts, à toutes les habitudes du lapin ; elle serait tout aussi bien de forme carrée. Je la préfère ronde pourtant, dans sa circonférence, parce qu'elle est toute faite lorsque je puis l'établir dans un tonneau.

On peut ranger l'un à côté de l'autre, sous un hangar rustique, appuyé à un vieux mur, autant de vieilles futailles qu'on le veut. On laisse un passage en arrière de celles-ci afin de pouvoir visiter les nichées ou nettoyer les petits compartiments.

c. Les exigences deviennent sans doute plus grandes pour des éducations plus importantes, et l'on accorde plus d'attention au choix de l'emplacement des clapiers, lesquels sont ouverts ou fermés.

Le clapier ouvert s'établit dans un espace clos de murs assez hauts pour que les animaux étrangers ne puissent pas y pénétrer. A ces murs, à moins qu'on ne les assoie sur la roche, il faut donner $1^m,50$ de fondation; on les perce de barbacanes fermées par des grilles afin de faciliter, par la libre circulation de l'air, le renouvellement complet de la couche la plus basse de l'atmosphère intérieure.

La meilleure orientation est celle du levant; on s'en écartera le moins possible.

Dans cette sorte de clapier, nous considérerons la cour et les cabanes.

La cour forme préau. C'est l'espace découvert destiné aux animaux dont la vie doit se passer en commun, ou plutôt dont la plus grande partie de l'élevage peut se faire sans inconvénient en famille.

Le sol en sera pavé ou sablé.

Le pavage demande à être exécuté avec quelques soins; le bitume doit en réunir toutes les pierres afin que ni l'urine ni les excréments ne puissent rester dans les interstices et qu'il soit toujours possible de nettoyer convenablement la place. Il est bon, d'ailleurs, de couvrir le pavé de litière.

Si l'on préfère le sable, il faut en former une couche épaisse de 0^m,50 qu'on remplace une ou deux fois par an. L'emploi du sable a l'avantage d'empêcher le lapin de chercher à se creuser des terriers. A la longue, le sable absorbe les immondices et constitue un engrais très-riche, et très-convenable pour les terres fortes. Disons en passant que le fumier de lapin est à bon droit réputé comme très-énergique.

Au centre de la cour, on établit une manière de labyrinthe avec des galeries intérieures; on élève assez la construction pour qu'elle domine les murs d'enceinte. Les élèves y viendront le matin respirer l'air neuf et faire leur toilette. La façon dont ils usent de leur promenoir en montre toute l'utilité ; le bien-être qui.en résulte pour la santé favorise le développement plus rapide des produits.

Il ne faut plus dans la cour que des râteliers en forme de V, couverts d'une planche qui abrite la nourriture contre le mauvais temps.

Au pourtour des murs on établit des cabanes sous un appentis. On en fait pour les mâles destinés à la reproduction, pour les femelles pleines, pour les nourrices et enfin, pour les produits qui, âgés de trois mois, doivent quitter l'existence libre de la cour et la vie en commun pour la préparation à la vente, pour l'engraissement.

Ainsi, les femelles portières vivent dans des cabanes séparées : elles y mettent bas et allaitent leurs petits pendant trente à trente-cinq jours. Séparés alors de la mère, les lapereaux passent deux mois environ dans le préau, après quoi ils rentreront en cabanes, par sexes séparés, pour l'engraissement.

Il y a trois dimensions à adopter pour les loges. Les mâles reproducteurs occupent les plus petites ; les mères ont besoin de plus d'espace : on peut enfin réunir les sujets à l'engrais en nombre variable, de 10 à 20 et plus, du même âge. On peut employer à la confection des loges toutes sortes de matériaux ; nous ne nous attarderons pas sur ce point. Il faut néanmoins en employer qui résistent à la dent du lapin ou bien les frotter d'une substance qui leur répugne et qui, par cela même, protége la construction.

Le plancher inférieur des cabanes doit être élevé

de 0ᵐ,25 au-dessus du niveau du sol extérieur : il faut mettre tous les animaux quelconques à l'abri des effets de l'humidité, cause toujours prochaine de malaise et bientôt de maladie. On demande avec raison que les loges des mères soient plus profondes que larges, car c'est au fond qu'ells édifieront leurs nids : celles des sujets à l'engrais se développeront au contraire plus en largeur que dans l'autre sens. L'aire aura une pente suffisante pour l'écoulement facile des urines qui ne séjourneraient pas sans inconvénient dans les cabanes. Il s'en dégage beaucoup d'ammoniaque : c'est tout à la fois une perte pour l'engrais et une cause d'insalubrité. On remédie à l'un et à l'autre effet en semant un peu de poudre de plâtre cuit sur l'aire et on fait absorber d'une façon quelconque les urines à leur sortie des cabanes.

Il s'agit de meubler les loges.

Le meuble le plus indispensable est le râtelier. Sans nous inquiéter de la forme à lui donner, nous voulons qu'il soit établi de façon que la nourriture y soit à l'abri de toute perte et de toute malpropreté. Aucun animal n'est plus prodigue que le lapin, aucun ne gâche plus de nourriture si l'on n'y met bon ordre. Dès qu'il est repu, il prend plaisir à gâter et à salir tout ce qu'il n'a pu consommer : quatre lapins mangent autant qu'une vache, dit le proverbe. Cette fois le proverbe ne dit juste qu'au figuré : quatre lapins peuvent gâter en un jour la ration d'une vache, sans possibilité de tirer aucun parti de cette masse d'aliments piétinés et salis, mais cinquante lapins ne mangeront pas plus

qu'une vache si on met la nourriture qu'on leur destine à l'abri de leur imprévoyance ou de leur mauvais
instinct. Ceci mérite une très-grande attention; on
voit comment des éducations peuvent devenir onéreuses lorsqu'elles doivent être profitables.

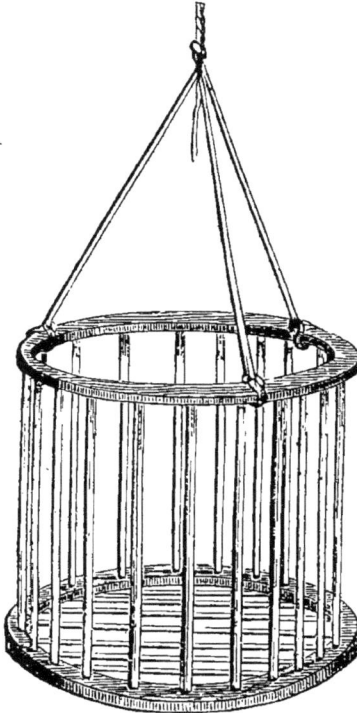

Fig. 68. — Râtelier mobile à fuseaux.

Le râtelier est donc de première nécessité. Voici
comment l'entend M. Mariot-Didieux. « Il doit consis-
ter » (grav. 68), dit-il, « en une espèce de lanterne à
fuseaux mobiles, longitudinaux, plus ou moins grande
et suspendue par une corde au plafond de la loge. Le

13.

fond de cette lanterne est également à fuseaux. Pour les mères, il faut qu'elle soit peu élevée pour faciliter le repas des lapereaux. Pour les autres catégories, les lapins doivent pouvoir passer dessous. Le haut de la lanterne doit imiter les trois cordes de la balance pour sa fixité perpendiculaire. La mobilité de ce genre de râtelier est plus que suffisante pour la conservation des aliments jusqu'à entière consommation ; il est destiné à recevoir les fourrages verts et secs, les légumes, les pommes de terre cuites et entières. Il doit être placé de manière à faciliter les distributions. Ces râteliers peuvent être en fils de fer comme les paniers à salade, à l'exception que les fils doivent être longitudinaux et non transversaux. »

A mon sens, les râteliers suspendus, et libres par le bas, vacillants au moindre attouchement, ont toujours des inconvénients. Je puis les indiquer, mais je ne les recommande guère.

J'ai remplacé avec avantage, dans des cabanes de grandes dimensions, le râtelier dont il vient d'être question par un râtelier circulaire fixe. Le dessous, fermé dans tout son pourtour, hormis en un point ouvert en manière de porte, forme cabane très-commode pour les nichées ; son plancher supérieur, plein et surmonté d'un petit dôme en voûte, ne permet pas aux aliments de s'affaisser, de s'aplatir et de vieillir au milieu, ils se présentent tous à la circonférence et sont consommés jusqu'au dernier brin lorsque la ration est judicieusement mesurée. Le meuble est fixé au plancher.

On établit en un point commode des parois de la loge une augette destinée à recevoir le son, les farineux, les grains qu'on donne aux mères, pendant les fatigues de l'allaitement, aux étalons lorsque cela est nécessaire, et aux élèves dont l'engraissement s'achève. On en ajoute une seconde dans la loge des mères, et celle-ci est destinée à contenir l'eau dont elle a besoin, pendant qu'elle est nourrice. « La mère qui allaite, dit M. Mariot-Didieux, si elle est nourrie au sec, est souvent altérée au point de dévorer ses petits pour étancher la rage de sa soif. Ce crime est moins rare qu'on ne le croit.... » Il oblige donc à supprimer des femelles dont on tirerait bon parti si on ne méconnaissait pas le besoin qu'elles ont de boire.

On veut un autre meuble encore dans la cabane des mères, une sorte d'auge en bois, renversée, sous laquelle elles puissent accoucher paisiblement et allaiter leurs petits sans crainte. On donne à ce meuble, qui n'a qu'une seule ouverture, $0^m,50$ de long et une largeur suffisante pour que la femelle pleine puisse s'y retourner à l'aise. On le fixe pour qu'il ne puisse pas être dérangé ; on le place au fond de la loge. La lapine en fera son refuge contre tout événement, et comme elle y sera toujours en sécurité, elle y construira infailliblement son nid. Ce meuble n'est pas une inutilité ; il prévient nombre d'avortements causés par la peur.

Nous attachons une très-réelle et très-légitime importance, on le voit, à cette partie de l'hygiène du lapin. C'est qu'elle tient en soi presque tous les éléments du succès des éducations du petit animal. Qu'on nous permettre donc d'insister tout particulièrement sur la nécessité impérieuse de le bien loger, de lui fournir largement l'air pur, l'air vital dont la libre circulation autour de tout ce qu'il touche combat avantageusement la rapide insalubrité qui naît de ses déjections liquides d'où l'ammoniaque se dégage toujours abondamment. Nous répudierons toute idée de luxe, mais nous recommandons tout spécialement l'utile, mieux encore, l'indispensable.

Ce qui précède ne va pas au delà.

d. J'ai vu, près d'Angoulême, à Bardines, un clapier dont voici la description rapide, succincte.

Il y a une trentaine de cages pareilles, à côté l'une de l'autre, sur un rang, établies sous un hangar et en avant d'un couloir de 1^m,15 de largeur, par lequel se fait tout le service du clapier. A la suite des loges se trouve le commun, la grande case réservée aux jeunes. On y pénètre par le couloir dont la largeur s'ajoute à la profondeur donnée à chaque cabane.

Celle-ci (*fig.* 69) présente les dimensions suivantes dans œuvre :

Profondeur, d'avant en arrière.	1^m,00
Largeur.	0 66
Hauteur.	0 70

Les côtés sont pleins et formés de grosses planches en chêne.

Le devant et le dessus sont fermés par un grillage en gros fil de fer, dont les vides ont 0^m,027 carrés.

Le grillage de devant est à demeure. On lui appli-

que, dans le bas, une planche qui le ferme, lorsque
les lapereaux, prêts à sortir du nid, seraient disposés
à venir jouer avec le chat. Or, celui-ci joue et ne plai-
sante pas. Vous le voyez d'ici examinant tout à distance, guettant le moment opportun, puis s'appro-
chant tout doucettement et profitant lestement de
l'occasion dès qu'elle se présente. D'un coup de griffe,
savamment lancé à travers les barreaux du parloir, il

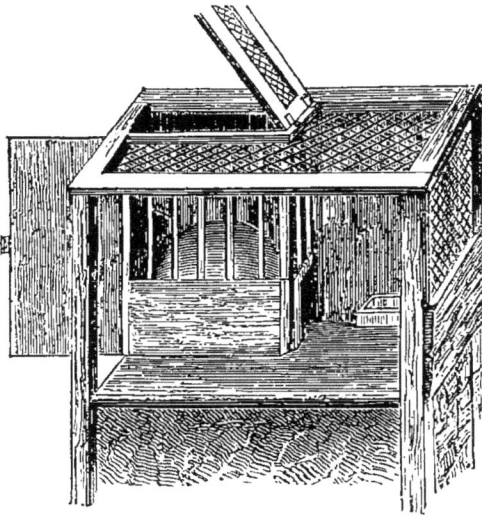

Fig. 69. — Vue intérieure d'une cabane à lapins.

a vite harponné l'innocent qui s'est fié à sa bonne
mine ; il l'emporte sans regarder en arrière et le cro-
que à belles dents. C'est une manière de se mettre en
appétit. Il ne tarde pas à revenir, et nombre de petits
disparaissent de la même façon. Il y a gros à parier
que c'est par crainte du chat et pour se soustraire aux
inconvénients de sa vigilance intéressée que l'habi-

tude a été prise de tenir hermétiquement les lapins sous tonneaux, ou dans des boîtes étroites, solidement fermés par-dessus, à travers lesquels les chats et autres voleurs ne peuvent rien. Le remède est radical, mais c'est à lui qu'on doit cette mauvaise viande dont j'ai déjà parlé et qui nuit tant à l'extension des petites éducations, les plus considérables toujours par leur multiplicité.

Quoi qu'il en soit, à Bardines, comme en beaucoup d'autres points d'ailleurs, on ne prive pas le lapin d'air respirable sous prétexte d'un danger facile à éviter par la pose bien simple d'une planche derrière laquelle le lapereau n'a plus rien à redouter des méchants.

Le grillage supérieur, formant plafond à jour, présente, au-dessus du râtelier qui surmonte le nid, une porte grillagée, elle aussi, et s'ouvrant à charnière. C'est par là qu'on introduit les fourrages dans le râtelier.

Le plafond à jour me donne, je l'avoue, pleine et entière satisfaction. On me dira que j'ai la manie de l'aération et de la ventilation raisonnées de tous les intérieurs. Je ne repousse pas l'observation, mais je réponds que cette manie a du bon, beaucoup de bon et rien de mauvais.

Le plafond à jour est donc une excellente chose; je le recommande expressément. Que si, à certains jours d'un hiver trop rigoureux, on avait à prévoir les effets d'un froid excessif, on préviendrait sa mauvaise influence en couvrant le dessus d'une couche de paille facile à enlever et dont on ferait plus tard de la litière. On a enfin la ressource des rideaux pour le devant. Mais tout cela devient presque de la prévision inutile. Les lapins constamment tenus à l'air ne deviennent pas aussi frileux, et la bonne nourriture, aidée d'un supplément de litière sèche, constitue un excellent préservatif contre le froid.

Le fond de chaque cabane est en bois, comme les côtés ; mais ici nous trouvons deux portes s'ouvrant toutes deux sur le corridor de service, l'une derrière la niche, l'autre derrière la partie libre de la case. Les fonctions qu'elles remplissent se trouvent ainsi suffisamment indiquées. La petite porte permet de surveiller la nichée sans inquiéter la mère : par l'autre, on enlève les fumiers, on nettoie la cabane, et on renouvelle la litière, on place les augettes aux provendes et à la boisson.

Reste le plancher qu'on fait comme tout autre, en bois ou en maçonnerie, et qu'on incline légèrement de l'avant à l'arrière sur le corridor. Ceci n'a donc rien de particulier.

Mais je dois encore parler du nid et du râtelier qui le surmonte.

Le nid est à demeure, au fond de chaque cabane et sur le côté gauche en faisant face à l'établissement. Il est construit en briques sèches ou en forme d'auge renversée. Son entrée, large de $0^m,15$, est par devant, dans un angle, et se présente en ogive ; elle laisse libre passage à la femelle pleine, mais rien de plus.

Mesurée en dedans, elle donne les dimensions que voici :

Profondeur d'avant en arrière..........	0^m,44
Largeur.	0 25
Hauteur............................	0 35

Au point où elle est placée, l'aire forme une légère excavation, au pourtour relevé cependant, de façon à dominer le plancher et à demeurer toujours sèche : elle a par derrière, ainsi que je l'ai déjà dit, une petite porte au moyen de laquelle on peut à volonté en vérifier l'état et le contenu.

Le dessus est plein, cela va de soi, et forme une manière de dôme extérieurement, ce qui suppose une sorte de voûte intérieure ; entouré de barreaux en fil de fer sur deux côtés, il donne un râtelier très-commode.

Quant à la grande loge, commune aux élèves, elle n'offre rien de particulier. Les barreaux qui la ferment sur le devant s'élèvent jusqu'au plancher du hangar. Un râtelier double à auge, en meuble le milieu et l'on y apporte, quand il en est besoin, des auges à eau.

Il serait bien à désirer que tous les clapiers fermés fussent établis d'après un modèle semblable. Mais nous ne sommes pas près de voir se généraliser à ce point une amélioration aussi utile.

M. Mariot-Didieux fait connaître un autre système qu'il décore du nom attrayant de « *loges* ou *cabanes économiques* (1). » Je lui donne la parole :

_____

(1) *Guide de l'Éducateur de Lapins.* Cet excellent traité fait partie de la collection des *Guides pratiques*, à laquelle appartient ce

e. « Il nous fut donné, dit-il, de visiter presque par ruse un grand établissement cuniculaire près de la barrière du Trône, à Paris. C'est une cour entourée de murs, transformée en clapier ouvert.

« Chaque loge ou cabane n'est autre chose qu'un vieux tonneau. Il y en avait plus de trois cent cinquante. L'un, vieux tonneau d'épicier, l'autre ayant contenu des liquides avariés et n'ayant pas coûté, en moyenne, plus de 2 francs 50 centimes pièce. Ces loges étaient agencées de la manière suivante :

« Supposons un vieux tonneau, percé de sa bonde, et ayant ses deux fonds. L'un des fonds est enlevé et avec les planches qui en proviennent, on fait une aire au plancher. Il est bien entendu que ce tonneau n'est pas debout, mais couché, l'ouverture de la bonde en bas. Les planches sont fixées au tiers inférieur et dans la moitié, et un peu plus, de sa longueur à commencer de l'entrée. Comme on le voit, une place vide restera en arrière. Une augette en bois est fixée aux parois du tonneau à quelques centimètres au-dessus de l'aire ou plancher. Il reste à confectionner une porte d'entrée.

« Un cercle en bois en fait le contour, et l'ouverture en est fermée avec des barreaux de bois à 3 centimètres de distance. Ces barreaux, en bois plus ou moins tendre, seraient susceptibles d'être rongés par les lapins ; mais ils n'y touchent pas, si on a soin de les

---

même ouvrage. L'extrait que j'en donne ne le déflore pas ; il montre seulement la manière de faire de l'auteur, et recommande son livre, bien connu d'ailleurs, car il arrive à la troisième édition.

frotter une ou deux fois par an avec des écorces fraîches de coloquinte. L'amertume de l'écorce de ce fruit les y fait renoncer complétement. Cette porte est fixée au bas du tonneau avec des charnières de vieux cuir. Le haut, mobile, est fixé au moyen d'une boucle et d'une lanière. Un piton à vis, fixé dans l'intérieur du tonneau, est destiné à suspendre le râtelier à balance, soit en bois, soit en fils de fer, comme nous l'avons dit ci-devant.

« Ainsi agencés, les tonneaux sont placés sur des chantiers destinés à les élever au-dessus du sol. Placés les uns à côté des autres, exposés au levant, ils sont munis d'une gouttière commune qui reçoit les urines par l'ouverture des bondes. Cette gouttière verse les liquides dans un baquet. On jauge les tonneaux, c'est-à-dire qu'on peut les placer les uns sur les autres, la bonde de celui de dessus entre les deux inférieurs, de manière que l'écoulement des urines ait lieu dans la gouttière commune.

« L'espace vide qui se trouve sous le plancher en bois, le plancher lui-même, reçoivent les déjections qu'on enlève au moyen d'un tisonnier ou crochet par l'ouverture inférieure, la porte étant ouverte. Les lapins ont le plancher de ce genre de cabanes pour leur repas, leurs ébats, et l'espace vide du derrière pour refuge, pour repos. Les mères peuvent y nicher en sûreté.

« Ce mode d'agencement donne beaucoup plus d'espace que si le tonneau était placé debout, et il peut contenir jusqu'à huit à dix lapins. Ceux-ci y trouvent de l'air, de la lumière et plus de propreté. Comme ces loges sont mobiles, elles peuvent se transporter sous des hangars, dans des écuries pour y passer la saison la plus rigoureuse de l'hiver. »

f. En voici d'une autre sorte encore que décrit le même écrivain et qu'il appelle de ce nom précieux :

« *Loges encore plus économiques.* — Elles consistent en clayons mobiles, circulaires et susceptibles de s'étendre et de se resserrer à volonté. Leur mobilité permet de les changer de place, soit pour cause d'embarras, soit pour le nettoyage de l'aire.

« Supposons une cloison faite en perchettes rondes de la grosseur du pouce, de $1^m,20$ de longueur. Pour la constituer, il ne s'agit que de lier les perchettes entre elles au moyen de deux fils de fer en trois rayons, un au centre et aux extrémités moins $0^m,04$ environ. Une natte de 10 mètres de longueur, réunie par les deux extrémités et dressée debout, donnera une aire de 3 mètres de diamètre, qui pourra contenir de vingt-cinq à trente lapins.

« La longueur de la natte peut donc varier de manière à approprier son cercle circulaire aux localités. Par sa mobilité, il peut prendre des formes variées et se mouler en quelque sorte pour éviter des pertes d'espace.

« Les baguettes, perchettes ou rayons, peuvent être plus ou moins rapprochés suivant la grosseur et l'âge des lapins.

« Comme ce cercle, dressé sur une base étroite,

pourrait se renverser, on le consolide en dehors par des cordes tendues et fixées comme des tentes, ou par des appuis en bois comme les parcs des bergers.

« Ces loges sont destinées aux clapiers couverts.....

« Une perchette, placée en travers sur la partie supérieure du cercle, sert de support à la corde en trois branches destinée à suspendre le râtelier mobile au centre de l'aire.

« Ces loges économiques sont très-saines, faciles à nettoyer et à transporter. Leur inconvénient serait d'être atteintes par la dent du lapin. On y remédie facilement en frottant les perchettes avec l'écorce de coloquinte (pomme de parade). »

g. En Belgique, on apporte à l'arrangement intérieur de la cabane du lapin à l'engrais une modification essentielle que je crois devoir faire connaître. Jusqu'ici les Belges sont nos maîtres sur ce point.

La loge doit avoir une hauteur considérable, $2^m,75$ environ. Le râtelier prend la forme du nid de pigeon. sorte de corbeille à jour comme on en place dans certaines écuries en boxes. Il est fixé au mur à 2 mètres et plus d'élévation du sol. Un bout de planche, qu'on nomme *planchon*, de $0^m,25$, carré ou à peu près, est également fixé au mur à $0^m,10$ au-dessous du râtelier. Tout à côté et en avant du planchon est enfin établie l'augette à grains, au son, etc. Le planchon forme tout l'espace réservé à l'animal. On l'y dépose (*fig.* 70) et il a, à sa portée, augette et râtelier dans lesquels on lui met exactement ses repas. Il est en quelque sorte dans le vide et ne bouge pas de crainte de tomber. Il mange avec précaution et reste au repos le plus absolu. Cette oisiveté forcée est favorable à la rapidité de l'engraissement. On laisse nu le planchon, mais le dessous doit être nettoyé souvent, à moins qu'on n'y tienne une couche épaisse de sable' et du plâtre en poussière pour neutraliser les vapeurs ammoniacales, qui se dégagent en abondance pendant la prompte

Fig. 70. — Vue intérieure d'une cabane à engraissement.

fermentation des urines et des déjections solides. Ce mode comporte l'isolement plus que la compagnie. Cependant, on pourrait placer deux ou quatre planchons en regard dans des cabanes assez profondes. Alors le râtelier serait double, divisé en deux compartiments, et les animaux, en se regardant, pourraient philosopher tout à leur aise.

Entre deux parenthèses.

Sortons pour un instant de la basse-cour avant de quitter l'habitation du lapin qu'on élève et qu'on tient plus en grand, à l'état semi-sauvage, dans des garennes closes ou domestiques. Ayant parlé des parcs à moutons en pleins champs, ce qui m'a paru nécessaire, je ne saurais passer sous silence les aménagements appropriés à l'élevage rationnel du lapin de garenne. Je ne veux ici ni lacune ni hors-d'œuvre, mais je n'oublie pas le titre de cette division de mon livre, et je préviens le lecteur que je l'emmène pour un moment hors de l'enceinte où nous étions entrés ensemble. Ceci formera donc comme un accident de terrain. Dès que nous l'aurons franchi, nous reviendrons de plus belle dans les dépendances de l'habitation de l'homme, châtelain ou fermier, *jacasser* avec les poules et parler de la demeure, plus primitive que perfectionnée, de ses compagnons de captivité ou d'infortune. Pour mon compte, j'y reviendrai en ami pour essayer de montrer l'utilité de les loger mieux, suivant les saines indications de l'hygiène.

Tout en devisant, je me suis éloigné de la basse-cour ; j'ai ouvert une parenthèse et défini ce que l'on entend par garenne.

Il faut bien que je le répète ici, de crainte qu'on ne m'ait pas entendu. Eh bien, on consacre cette appellation au terrain peuplé de lapins vivant dans toute leur indépendance. Mais il y a garenne et garenne. On distingue celle qui est ouverte et habitée par le sauvage de celle qui est close, et faite de main d'homme, peuplée et entretenue par ses soins. Cette dernière seule rentre dans mon domaine, dans mon cadre, voulais-je dire, seule elle m'occupera.

Autrefois, j'en ai visité une qui avait été établie avec une parfaite entente de la chose. En rappelant mes souvenirs, je serai complet, du moins je l'espère, et mon enseignement ne sera pas trop aride.

Il y avait quelque part (à rien ne servirait de dire précisément, géographiquement où), il y avait quelque part un lopin de terre, depuis longtemps abandonné et bientôt passé à l'état de barbarie : les *États barbaresques* de ce genre ne sont pas déjà si rares en pleine civilisation. Celui-ci consistait en un clos de forme irrégulièrement allongée et d'une contenance de cinq à six hectares, incliné au levant, et pris dans un site agreste plus riant que sévère pourtant, grâce à son heureuse exposition. Abrité du nord par les collines environnantes, voyant le midi par sa ligne de face la plus étendue, il avait le privilége de recevoir les premiers et les derniers rayons du soleil. Couvert de ronces et d'épines, de genêts et de genévriers qui poussaient luxuriants sur les parties les plus hautes, parmi les pierres et la rocaille, il était abominablement fangeux au bas de la pente où, par suite d'une étrange incurie, croupissaient des eaux, dont il était, par bonheur, très-facile de purger la surface, en curant le fond vaseux du petit ruisseau malpropre et encombré qui pouvait alors les entraîner joyeusement, en murmurant sur une jolie couche de cailloux luisants, au lieu de les laisser s'épandre salement sur ses deux berges. Le sol était inculte, mais rien n'annonçait qu'il dût réster stérile, loin de là.

Un nouveau propriétaire survint, non par droit de conquête, mais par droit de succession collatérale, peu importe : c'était un homme avisé, connaissant beaucoup de choses, aimant à bien vivre, et peu soucieux des terres qui ne donnent pas de revenu. Il examina le fouillis, il reconnut qu'il pouvait tirer bon parti du marécage : Assainissons le bas et défrichons le haut, se dit-il, nous verrons après. Le curage du ru, fait avec soin, restitua à la petite propriété un large banc de bonne terre que quelques labours, donnés en temps opportun, rendirent à une culture facile et productive. L'enlèvement des épines et des ronces se fit avec plus de ménagement, avec certaines précautions même, car des touffes de broussailles, des bouquets de genêts et de genévriers surtout, demeurèrent çà et là, diversement groupés ou disséminés, tandis que le reste fut exactement purgé des parasites et des pierres.

En un point d'élection, intentionnellement exhaussé, partie des pierres, arrachées au voisinage, fut amoncelée, au hasard en apparence, en réalité avec un certain art. Effectivement, en y regardant de plus près, on aurait trouvé là des manières de galeries étagées et assez bien entendues, aboutissant à de véritables carrefours formant autant de centres ou lieux de réunion paisible.

C'était tout bonnement une ville souterraine, fortifiée dans son pourtour capricieusement dessiné, et dans l'intérieur de laquelle on ne pouvait pénétrer ou de laquelle on ne pouvait sortir que par des chemins couverts établis en zigzag. Extérieurement, on avait appliqué sur les pierres des fascines, des gazons retournés, de la terre végétale, et l'on avait obtenu un mamelon, une vaste taupinière plutôt, une sorte de dôme solide enfin, avec des sentiers tourmentés, dont les sinuosités ont été marquées, déterminées par des plantations d'un bel aspect, pour lesquelles on avait mis à contribution quelques plantes et arbustes d'agrément. En son ensemble, tout cela se montrait à l'œil comme un riche massif de verdure et de fleurs vivaces. Le haut était rangé, dressé en plate-forme, dont un acacia-boule, un peu élevé, fournit l'épaisse et ombreuse couverture. L'arbre est devenu magnifique ; on en a complaisamment disposé la structure et son feuillage s'étend en couronne splendide sur la villa des lapins. J'ai lâché le mot, toute cette construction n'avait été à d'autre fin que d'établir une garenne close, mais une garenne modèle.

Une villa a des accompagnements obligés. En l'espèce, sur le point où nous sommes, c'est un terrain, une cour, si l'on veut, de quatre hectares environ, et fermée de toutes parts.

On en connaît l'assiette et l'exposition. Le terrain est en pente, je l'ai dit aussi, et l'on avait habilement profité des travaux de défrichement pour en accidenter la surface.

Mélange de calcaire, de silice et d'argile, le sol était très-perméable, à la couche épaisse, plus léger que

14

lourd cependant, à la parfaite convenance du lapin, car il ne s'éboulait pas facilement et reposait sur un sous-sol solide, en partie pierreux. Parmi les broussailles conservées, se trouvaient des sauvageons de pommiers et de poiriers, des coignassiers et surtout des acacias, des robiniers, des baguenaudiers, tous arbres doublement utiles par l'ombrage dont ils couvrent le sol en été, et par la nourriture agréable que leurs feuilles et leurs fruits fournissent au petit bétail. Les bords du ruisseau ont été plantés de saules dont les rameaux peuvent être récoltés frais, comme provision d'hiver, ainsi que les branchages les plus élevés des arbustes de l'intérieur.

Mais je n'ai rien dit encore de la clôture de cette garenne, côté important par son étendue et par les exigences de sa destination.

Le lapin fouille, creuse profondément la terre. Son instinct le porte à construire souterrainement des terriers au centre d'une multitude de chemins, d'allées, de routes, débouchant au dehors en des points très-divers. C'est en cela que gît sa sécurité. Cependant, il se tient entre deux terres et, sans en rester très-éloigné, il ne descend jamais à plus de 1 mètre ou de $1^m,50$ de profondeur, à moins qu'il ne sente plus qu'une très-faible résistance au-dessous. Cela fait que les murs d'une garenne close doivent être assis sur un terrain solide, et avoir au moins 1^m, 50 de fondation. Hors de terre on les élève à $1^m,75$ ou 2 mètres, et on les garnit, sur toute leur étendue, d'un auvent saillant en dehors, qui s'oppose à l'escalade des chats et des autres bêtes friandes de lapins.

Des murs de cette taille emploient beaucoup de matériaux et demandent une main-d'œuvre considérable, mais une grande partie des pierres fournies par le défrichement et par le creusement des fondations, s'était ici rencontré sur place et avait allégé d'autant la dépense.

La culture s'était emparée des espaces restés vides entre les bouquets d'arbres et les buissons dont j'ai parlé; il avait bien fallu pourvoir à tous les besoins alimentaires de la future colonie. Celle-ci trouvait donc à sa portée. dans le terrain qui lui était abandonné, du sainfoin, de la luzerne, de la pimprenelle, de la chicorée, du persil, de l'estragon, et par-ci, par-là, éparses, semées au hasard, toutes sortes de plantes parfumées, parmi lesquelles dominaient la coriandre, l'anis, le fenouil. Les plus connues, le serpolet, le thym, la sarriette, la sauge, la lavande, étaient là pour embaumer le champ, pour l'agrément bien plus que pour le pâturage de ses hôtes, qui n'y touchent pas sans utilité quoi qu'on en dise, mais qui sans doute aiment les senteurs puisqu'ils se plaisent au milieu d'elles, alors même qu'ils ne les mangent pas.

Voilà, certes, un fort beau spécimen de garenne close, et bienheureux étaient là ses nombreux habitants. Mais je crains qu'on ne la trouve un peu trop aristocratique et que mes lecteurs, si je m'en tenais à cette seule indication, ne fussent désireux de connaître les variantes du type. Il y en a, en effet, et je les trouve décrites avec un soin particulier par un écrivain bien connu,

M. Silvestre, que je me contenterai de reproduire :

« Les garennes forcées, dit-il, diffèrent des garennes libres en ce qu'elles sont entourées de tous côtés par des fossés, des murs ou des haies, qui empêchent les animaux de s'écarter de l'habitation. Il n'y a pas [de mesure fixe pour leur grandeur, qui doit être la plus étendue possible. C'est en général à leur petitesse qu'il faut attribuer le peu de succès qu'on doit à quelques-uns de ces établissements en France, tandis que dans plusieurs cantons d'Angleterre, et notamment dans les provinces d'Yorkshire, de Lincolnshire et de Norfolk, où les garennes forcées sont très-multipliées, quelques-unes contiennent plusieurs centaines d'acres. Il y a des garennes forcées dans le Yorkshire, dans lesquelles on assomme pendant une seule nuit cinq à six cents paires de ces animaux.

« Ces garennes sont fermées par des murs de terre, recouverts de jonc ou de chaume, ou bien elles sont entourées d'une clôture de pieux; dans leur intérieur, on forme plusieurs champs clos de murs et semés en prairies artificielles, surtout en turneps, qui servent de nourriture pendant l'hiver. Dans les lieux où la terre ne fournit pas ces productions, on élève des meules de foin, que les lapins consomment pendant la saison morte : des hangars sont adossés aux murs de clôture, afin que ces animaux puissent trouver une nourriture sèche pendant la saison pluvieuse, et l'on a soin de pratiquer dans la garenne plusieurs terriers artificiels pour inviter les lapins à ce premier travail.

«Olivier de Serres est l'auteur français qui a le mieux détaillé les soins à prendre pour réussir dans l'éducation des lapins; il a porté dans cette partie, comme dans toutes les autres, cet esprit d'observation et cette sagacité qui l'ont fait regarder à juste titre comme le premier de nos agronomes, et qui rendent son ouvrage précieux, et neuf encore à quelques égards, même après deux cents ans d'existence. Il recommande d'établir la garenne sur un coteau exposé au levant ou au midi, dans une terre légère mêlée d'argile et de sable, qu'il faut parsemer de taillis épais et plantés d'arbres qui puissent fournir de l'ombre aux lapins, et qui résistent à leurs dents; tels sont en général les arbres verts. Il faut en ajouter d'autres qui poussent avec rapidité, et dont la coupe puisse devenir une nourriture utile, que les lapins trouvent sur place, tels que tous les arbres fruitiers, les chênes, les ormes, les genévriers, les acacias, etc. On doit avoir soin d'environner ces arbres dans leur jeunesse, afin de les défendre de l'approche des lapins. Toutes les plantes odoriférantes, tels que le thym, le serpolet, la lavande, doivent être répandues dans la garenne; enfin, on doit y mettre des graminées, des plantes légumineuses et des racines, lorsque son étendue ne fournit pas une nourriture naturelle assez abondante. Cette étendue, suivant Olivier de Serres, doit être au moins de sept ou huit arpents, et il assure qu'une garenne forcée de cette grandeur rapportera deux cents douzaines de lapins par année si elle est convenablement entretenue. Il veut que la garenne soit voisine de la

14.

maison, afin qu'elle puisse être fréquemment visitée et mieux gardée, qu'elle soit enfermée par des murailles de pierres ou de pisé, hautes de 9 à 10 pieds, dont les fondations soient assez profondes pour empêcher les lapins de passer sous la construction. Ces murailles doivent être garnies, au-dessous du chaperon, d'une tablette saillante qui rompe le saut des renards. Il faut aussi griller d'une manière serrée les trous nécessaires à l'écoulement des eaux. Les fossés pleins d'eau sont regardés par Olivier de Serres comme d'excellentes clôtures, lorsque la localité le permet ; il y trouve l'avantage de former un canal environnant qui peut être empoissonné ; on doit donner à ces fossés 6 à 7 mètres de large sur 2 mètres et plus de profondeur ; il faut relever d'environ 1 mètre et à pic leur rive extérieure, en empêchant les éboulements et les brèches par un bâtis en maçonnerie, ou par une plantation d'osiers très-rapprochés ; la rive intérieure doit être en pente douce, afin que les lapins qui auraient traversé le fossé à la nage pour s'en aller, ne pouvant gravir à l'autre bord, puissent revenir sur leurs pas et retourner sans danger à leur gîte.

« Cette opération, de pratiquer des fossés remplis d'eau autour de la garenne, produit encore l'avantage de pouvoir former dans l'intérieur quelques monticules favorables aux lapins avec la terre meuble qui est extraite des fossés, et de fournir à boire à ces animaux lorsqu'ils en ont besoin.......... »

On n'a des lapins dans une garenne que pour les

prendre. M. Silvestre passe complaisamment en revue les modes de prise et de chasse variés en usage. Ceci n'est plus du rapport de ce livre et je passe. Toutefois, je demande grâce pour une forme particulière de garenne, imaginée surtout en vue des prises et que notre auteur fait connaître et recommande spécialement. Je le copie encore.

« Cette garenne, reprend-il, est formée de trois enclos entourés de murs, excepté dans les points par lesquels ils communiquent ensemble. Les lapins en sortant du premier, qui est très-étendu, et dans lequel ils terrent et se tiennent habituellement pour aller dans le troisième, où la nourriture sèche ou fraîche leur est abondamment fournie, passent dans l'enclos intermédiaire dont les murs sont garnis, inférieurement, et à fleur de terre, de pots de grès qui représentent de faux terriers; lorsque les animaux sont au gagnage, on ferme la porte de communication avec l'enclos des terriers; ensuite, on les effraye; ils vont tous se réfugier dans l'enclos intermédiaire, et se blottissent dans les pots de grès qui leur offrent une retraite apparente; là, on les prend sans peine et l'on choisit ceux qui sont dans le meilleur état, en remettant dans l'enclos des terriers les mères et ceux des mâles ou des jeunes qui n'ont pas encore un embonpoint suffisant. »

Voilà donc la garenne forcée. Je résume en peu de mots ses conditions de bon établissement et de succès.

Ne pas la restreindre en des limites trop étroites; car alors ses produits ne conserveraient pas la bonne nature, le fumet si estimé du véritable gibier; ils reviendraient trop au lapin de clapier ;

Ne pas permettre que la population devienne exubérante et dépasse les ressources alimentaires, auquel cas on ne ferait que des animaux étiques et sans saveur, auquel cas aussi on verrait la mortalité porter une très-notable atteinte au revenu.

Se rappeler enfin que, loin d'être ménager, le lapin est prodigue et gaspilleur, qu'il faut par conséquent obvier à son insouciance en bien aménageant les parties cultivées du terrain et en lui apportant un supplément de nourriture toutes les fois qu'il serait menacé de la famine, en hiver par exemple, ou pendant la sécheresse prolongée de certains étés. On gagne toujours à n'attendre pas que le besoin se fasse sentir à ce degré et à porter en quantité mesurée, dans les petits râteliers ou les auges posés sous les auvents des murs et mieux sous un hangar rustique de mince dépense, les fourrages de la saison, avant que les arbres et arbustes de la garenne soient attaqués de façon à leur nuire.

Cela veut dire que, dans chaque garenne, on doit établir au moins un hangar que l'on appuie en un point commode du mur d'enceinte. J'avais oublié de parler de celui qui existe dans la garenne que vous savez. Il y a été construit non loin de l'habitation du gardien. On ne lui a pas donné sous le chaume une hauteur inutile, mais on a eu soin d'en relever le sol

en monticule d'une certaine étendue, et on l'a ingé-
nieusement garni de petits râteliers surmontant de
petites auges peu profondes, faciles à nettoyer. Dans
ceux-là on plaçait ou les herbes, ou le foin, ou les
choux, ou les feuillards conservés comme approvisionnement d'hiver, et dans celles-ci une manière de provendes diversement composées.

La disposition des râteliers est, d'ailleurs, assez ori-
ginale. Celui du fond règne contre le mur sur toute
l'étendue de la ligne couverte; en avant, et convenablement espacés, d'autres se trouvent établis sur de
vieilles roues hors de service et affectent conséquemment la forme circulaire; d'autres encore, suspendus
à une poutre du hangar, tombent à hauteur voulue et
représentent cette sorte de panier à salade précédemment décrit. Dans leur ensemble, surtout lorsque les
bêtes sont toutes attablées, ces râteliers divers et ani-
més en quelque sorte mettent sous les yeux un pittoresque tableau.

Le lapin de garenne a, entre autres, deux ennemis
redoutables qui s'en vont souvent de conserve lui dé-
clarer une guerre à outrance, c'est le furet et le bra-
connier. On a imaginé contre eux des terriers artificiels
ou de sûreté que M. Bouchard-Huzard fait connaître en
ces termes : « Pour empêcher le furetage par les ma-
raudeurs, on construit des terriers artificiels dans les
garennes. On creuse des trous de 1 à 2 mètres de diamètre, et profonds de 0^m,50 environ; on les surmonte
d'un amas de pierres établi en forme de voûte, dans
lequel on a ménagé de petits corridors de 0^m,15 à

$0^m,20$ de hauteur et de largeur. Ces couloirs se prolongent au niveau du sol jusqu'au trou central, où se trouve une marche dont la hauteur est égale à la profondeur du trou, et que l'on peut, par précaution, laisser un peu en surplomb. Les lapins franchissent aisément ce pas pour entrer ou pour sortir : le furet peut bien le sauter à l'entrée ; mais il a plus de difficulté pour la sortie, et s'il parvient à s'échapper, souvent au bout de quelques heures seulement, les lapins ont au moins la chance de ne pas être étranglés par lui : ils fuient par les autres ouvertures, tandis qu'il est prisonnier. La plupart du temps, le furet, prévoyant qu'il ne pourra pas revenir, n'ose pas sauter au fond du trou, malgré son ardeur à poursuivre le gibier. »

Il y a donc toujours un moyen de contrecarrer les méchants.

II. — LE POULAILLER

Nos anciens désignaient, sous l'appellation générale de poulailler, les divers locaux réservés au logement des volatiles domestiques. L'usage a modifié les choses et restreint la signification du mot. Pour nous, aujourd'hui, le poulailler est l'habitation exclusive des poules, ce qu'on aurait pu appeler la *poulerie*, dénomination plus large qui aurait l'avantage de comprendre les dépendances nécessaires à une installation de quelque importance.

Plus une espèce acquiert d'importance en économie rurale, à raison de son utilité et de ses produits, par suite de sa multiplication presque illimitée, plus se compliquent aussi toutes les choses qui la concernent. C'est le cas particulier de l'espèce galline. Son habitation tient une grande place dans son exploitation intelligente, aussi allons-nous retrouver ici des aménagements très-divers.

Et d'abord, les conditions générales d'établissement. Nous les connaissons déjà, car ce sont toujours les mêmes besoins de salubrité, d'aération, de propreté. Point d'humidité persistante, de l'air pur et incessamment renouvelé, une place suffisante au juchoir, des pondoirs commodes, de la tranquillité : tels sont les principaux *desiderata* à remplir pour donner un logement salubre et confortable à nos oiseaux domestiques en général, à la poule en particulier.

Au point où j'en suis arrivé, je n'ai vraiment plus à m'occuper de ces questions spéciales. Ce sont là maintenant choses bien entendues, je pense, et comme nécessité et comme moyen d'y satisfaire. Je dois dire cependant que l'orientation la plus favorable à des animaux qui se couchent tôt et se lèvent de très-bonne heure en toutes saisons, c'est le levant d'hiver et ensuite le midi. J'ajoute que, à raison des ennemis particuliers à l'espèce, ennemis contre lesquels elle ne peut rien pendant la nuit, il y a obligation de la protéger d'une façon spéciale par une certaine épaisseur des murs, par le soin d'entretenir ceux-ci sans trous ni crevasses, à l'aide d'enduits qui sont bien connus, et enfin, par l'attention d'établir en saillie toits et murs d'entourage, afin de mettre obstacle aux incursions intéressées de petits carnassiers plus agiles, plus habiles et plus cruels qu'ils ne sont gros. Je n'oublie pas, en dernier lieu, que nos malheureuses volailles sont très-recherchées, très-envahies par certains parasites qui leur rendent parfois l'existence très-pénible, et que la propreté, une propreté extrême, est à peu près le seul moyen qui se présente de combattre efficacement la vermine. En les dévorant, celle-ci porte une notable atteinte à leur production qui en est fort diminuée.

Si je rappelle ici que nous exportons en ce moment pour plus de 25 millions d'œufs, j'aurai dit quel gros intérêt s'attache à l'économie du poulailler et je ne craindrai plus d'en parler avec tous les détails qu'il comporte. La statistique permet d'évaluer, à l'heure où j'écris, le produit annuel du poulailler seul à quelque chose comme 170 millions de francs. Que ceci me fasse pardonner les développements qui vont suivre.

Il en est du poulailler comme de la demeure de nos autres animaux ; il est plus généralement mal établi et mal aménagé que bien entendu et confortable. On ne s'explique pas qu'en tout, et d'une manière si persistante, si universelle aussi, le mal, le mauvais, le défectueux, le nuisible soit toujours le commencement. Le défaut de savoir a pu être d'abord, pendant longtemps même, la cause de cet état de choses, mais l'expérience vient vite à ceux qui la cherchent et veulent la mettre à profit. D'où vient qu'elle est ici lettre morte ? De ce que l'apathie est plus forte que l'amour du travail, de ce que la crainte de dépenser un l'emporte sur le désir d'obtenir deux. J'exprime mal le fait cependant. On voudrait bien retirer deux, mais sans dépenser un, et l'intelligence se refuse paresseusement à se rendre compte que cela est tout simplement impossible. L'apathie, je le répète, plus que l'ignorance, l'avarice irréfléchie font qu'on ne donne pas aux instruments de la production tous les moyens d'accroître cette dernière et de l'obtenir aux conditions économiques les plus favorables, ou les moins coûteuses.

En ce qui concerne le poulailler, il y aurait de faciles réformes à introduire, des améliorations productives à réaliser. J'appelle sur les unes et sur les autres l'attention particulière de la femme, de la ménagère

15

qui a dans ses attributions spéciales cette partie du menu bétail de la maison ou de la ferme.

Je ne veux pourtant pas m'en tenir à la description de l'un de ces petits logements incommodes où tout est à blâmer et à reprendre ; je préfère m'attacher à un spécimen de plus grande importance par la raison qu'en procédant ainsi, je ferai non-seulement d'une pierre deux coups, suivant le dicton, mais d'un enseignement nombre d'applications. Effectivement, en réduisant autant qu'on voudra mon grand poulailler, on n'en aura pas moins un bon aménagement. Ce sont les règles qui importent ici. Or, elles seront soigneusement établies, et elles paraîtront d'autant moins compliquées qu'elles s'appliqueront à une éducation plus considérable. La moyenne et la petite culture trouveront, j'insiste à dessein, toutes les indications utiles pour des installations diverses, celles de moindre envergure et celles de la plus petite échelle, aucune n'est à négliger ; toutes font nombre. L'importance vient des petits. Ce sont eux, on le sait, qui font les grandes rivières.

J'arrive donc de plein pied au poulailler proprement dit, à mon grand poulailler, c'est entendu.

1. LES GRANDS.

Je pense à père et mère, aux adultes si l'on veut, avant de m'occuper des enfants, des poussins. C'est dans l'ordre.

Que j'aie ou non le choix de l'emplacement, ma première préoccupation est pour la salubrité. A supposer que je ne puisse faire élection du lieu et qu'il me faille subir une localité humide et un peu basse, au sous-sol imperméable, j'aurai recours aux moyens d'assainissement bien connus : des fossés extérieurs profonds, le drainage souterrain de la surface, l'élévation du sol par des apports de terre très-perméable et l'emploi de matériaux de construction très-secs et peu absorbants. Mais je me mets tout de suite à l'aise. Je puis choisir et je ne m'en fais pas faute.

Je m'établis donc sur un sol en pente douce, composé de calcaire et de sable, mélangés d'une petite proportion d'argile. La formule est bonne; elle me donne à souhait un terrain solide et propre. Grâce à son inclinaison naturelle et à quelques travaux d'entretien peu dispendieux, car ils sont rares et ne présentent rien de difficile, l'eau de pluie s'en échappera très-vite et l'on n'y verra jamais de boue.

Voilà mon point de départ, une belle et bonne assiette. Cependant, comme il n'y a jamais d'inconvénient à éloigner de terre un poulailler, puisque les poules montent volontiers à l'échelle, et qu'un établissement rural de cette nature comporte d'autres besoins que celui du logement proprement dit, je vais construire celui-ci au-dessus d'un sous-sol bien aménagé qui occupera toute l'étendue du bâtiment. Ne vous récriez pas sur un pareil luxe, vous verrez bientôt qu'il a sa raison d'être, son utilité pratique, et qu'il descend tout uniment au niveau du nécessaire.

Taillant en plein drap, je ne me gêne pas pour remplir cet autre point très-essentiel aussi, l'orientement. « Que le soleil du matin, a dit un écrivain du bon vieux temps, puisse donner le bonjour aux poules, qui se délectent fort du soleil matutinal. » La recommandation vaut encore aujourd'hui ce qu'elle valait il y a deux cents ans. Je m'y conforme et j'expose la face de mon poulailler, ainsi que la cour aux ébats, à l'orient d'hiver. De la sorte les poules qui l'habiteront seront réjouies à leur petit lever par le moindre rayon de soleil.

Voici déjà de bonnes conditions ; je passe.

Il s'agit, je l'ai dit, d'un grand établissement. Il me faut calculer les dimensions du local pour 1,200 pondeuses, soit pour un effectif de 1,320 têtes environ avec les coqs.

Une telle accumulation de bêtes dans une seule demeure ne serait pas sans inconvénients. Pour les prévenir, je divise le bâtiment en quatre compartiments égaux. Chacun d'eux, par conséquent, pourra être occupé par un même nombre de volailles du même âge, de même année, voulais-je dire, par toutes les couvées d'un même printemps en un mot, mode favorable en ce qu'il permet de constituer du même coup la grande famille sans introduction partielle, sans introduction ultérieure, et de faire parcourir en même temps, sans erreur possible quant à l'âge, la même carrière à tous.

Dans son ensemble, le bâtiment mesure dans œuvre et dans le sens de sa longueur 20 mètres sur $4^m,50$ de largeur. Il a $2^m,30$ du plancher, de l'aire à la naissance du toit. Les trois cloisons intérieures sont transversalement très-légères.

Les murs extérieurs sont en pierres. Sur la façade principale, sous l'abri d'un auvent, qui donne fort bon air à la construction, règne une galerie de $1^m,50$ de largeur, portant un petit rail-way dont j'indiquerai plus loin la destination.

Chacun des poulaillers est pourvu d'une porte d'entrée de 1 mètre de largeur et $1^m,80$ de hauteur, offrant dans le bas trois petites ouvertures de dimension convenable pour le passage d'une poule par chacune d'elles à la fois. Une échelle de 1 mètre de largeur est le moyen d'accès facile du sol à la hauteur des ouvertures, et celles-ci se ferment avec la petite planchette ordinaire maintenue et glissant entre ses coulisses en bois. Les portes n'ouvrent pas en tournant sur des gonds ou sur des pentures, mais en glissant sur de petits rails qui les tiennent appliquées extérieurement contre le mur de manière à laisser le passage libre sur la galerie.

La même façade porte, à 1ᵐ,75 de la hauteur du poulailler, huit fenêtres, deux par compartiments, ce sont tout simplement des persiennes à lames mobiles, plus larges que hautes, et qu'on ouvre à volonté, peu ou prou, suivant les besoins de l'aération. Par les grands froids, on les double de rideaux en laine ou de paillassons épais. Au temps des chaleurs, on substitue à ceux-ci des paillassons plus légers, à claire-voie en quelque sorte, et à travers lesquels l'air pur et frais passe tamisé comme à travers un grillage assez fin.

Sur l'autre façade et à la même hauteur, sont quatre persiennes pareilles. Leur jeu raisonné, c'est-à-dire leur fermeture et leur occlusion graduées complètent les moyens d'aération dans la direction horizontale. Mais la nécessité d'un air neuf est si grande, que je combinerai, sans plus attendre, ces moyens avec l'action efficace du ventilateur ou cheminée d'appel. Chaque compartiment aura donc le sien, construit d'après les données scientifiques que j'ai précédemment établies de manière à enlever, à mesure des besoins, tout l'air altéré par la respiration, y compris les gaz plus ou moins délétères qui prennent bientôt la place de l'air respirable dans tout local habité, à plus forte raison dans un poulailler aussi peuplé.

Écrivant ici pour des ménagères qui, selon toute apparence, n'iront pas chercher dans l'autre volume de cet ouvrage le chapitre qui a trait à cet important objet, j'éprouve le besoin de redire comment les choses se passent et le jour et la nuit, comment se renouvelle ou s'épure l'atmosphère d'un intérieur pourvu de ventilateur. Eh bien, c'est très-simple. Pendant le jour, les petits passages sans nom des portes, ici nous en comptons trois, sont libres, c'est-à-dire ouverts ; entre eux et la cheminée d'aspiration s'établit un courant vertical qui renouvelle, par l'air frais et pur venant du dehors, l'air moins respirable et plus ou moins usé qui emplit actuellement le local. Les fenêtres concourent d'ailleurs au même résultat en laissant arriver de l'air neuf qui se mêle aux diverses couches de l'atmosphère intérieure. Pendant la nuit, après l'occlusion des petits passages, il entre moins d'air extérieur, tous les habitants du poulailler respirent et usent, à leur profit, la partie respirable de l'air, à tel point que bientôt elle leur manquerait si les gaz irrespirables ne pouvant s'échapper d'aucun côté emplissaient seuls désormais le local. Mais la cheminée d'aspiration leur offre une issue par laquelle ils se dégagent ; il se fait alors un vide à l'intérieur, un vide qui est bientôt rempli par l'air du dehors qui pénètre par la moindre fissure, par celles des persiennes d'une part, par le dessous de la porte, par ses côtés aussi, lesquels ne joignent jamais assez pour que la clôture soit hermétique.

Et voilà comment les besoins de la respiration se trouvent toujours assurés dans une demeure habitée. Il peut se faire pourtant qu'à certains jours de l'année, qu'au temps de la saison la plus rigoureuse le fonctionnement du ventilateur devienne excessif, que, par son canal, trop de chaleur se dégage. Alors la température intérieure serait par trop abaissée et les poules auraient froid, inconvénient qu'il faut éviter avec soin,

car il aurait pour effet certain de *resserrer* les pondeuses et de diminuer d'une manière notable le produit
de la ponte juste au moment où les œufs se vendent le
mieux et le plus cher. La chose est aisée. Nos cheminées d'aspiration étant pourvues d'un appareil modé-
rateur, on règle ce dernier de façon à ce que tout soit
bien : on prévient ainsi et l'accumulation nuisible du
mauvais air et l'abaissement par trop considérable de
la température du poulailler.

Ces explications, nécessaires pourtant, m'ont un
peu attardé, je reviens aux détails de la construction.

Le bâtiment est fermé par une couverture en
chaume. Il en est qui n'aimeraient pas cela et le diraient
laid. Je ne suis pas de cet avis, il s'en faut. Je trouve
ma couverture assez belle et, mieux encore, parfaitement appropriée à la circonstance. En effet, les toi-
tures en paille sont, pour parler un langage compré-
hensible pour tous, fraîches en été et chaudes en hiver.
Leur avantage, leur supériorité même est dans cette
égalité de température qu'on n'obtient pas facilement
en employant un autre mode quel qu'il soit.

Un crépissage quelque peu pittoresque revêt la façade extérieure de ce palais rustique paré de plantes
grimpantes et parfumées, au temps des fleurs et des
amours. Ceci est affaire de goût et de fantaisie ; c'est
chose agréable et qui ne coûte guère, une manière de
luxe éditée par la coquetterie, une coquetterie bien
placée, car elle contribue à la salubrité du lieu. A la
rigueur, on peut se passer de son concours ; je ne
m'arrête pas plus longtemps à ces bagatelles de la

porte et j'entre pour dire l'arrangement intérieur de cette habitation modèle. Je grimpe lestement le petit escalier de service qui conduit à la galerie par laquelle ouvre l'huis des compartiments, qui nous livrera passage au lecteur et à moi.

Le poulailler est en pleine exploitation. Cette circonstance ajoute beaucoup à l'intérêt de notre visite. La journée est chaude et magnifique. Les persiennes ont été ouvertes au levant et au couchant ; l'air est pur ainsi que l'atteste l'absence de toute odeur désagréable. C'est le bénéfice d'une aération bien entendue et d'une propretée achevée.

L'aire, faite et composée avec tout le soin qu'on aurait mis à confectionner autrefois celle d'une grange où l'on battait les grains au fléau, était recouverte d'une couche de sable fin, très-sec, assez épaisse sous les juchoirs et qui, empêchant les excréments de s'attacher au sol, en rendait l'enlèvement plus facile tout en absorbant leur humidité et retardant la fermentation.

Crépis à la chaux hydraulique, à surface très-unie et blanche, sans une seule tache, les murs avaient été particulièrement soignés à l'intérieur. Un thermomètre était là, donnant ses précieuses indications. On s'attachait à ce qu'il ne descendît pas au-dessous de 15° centigrades et à ce qu'il ne s'élevât pas au-dessus de 20° de la même échelle.

Pour tous meubles, des juchoirs et des pondoirs, plus les échelles donnant accès à ceux-ci. La chose se répète exactement la même dans les quatre compartiments. Tout ce qui suit s'applique donc à un seulet à tous.

Deux juchoirs composés (*fig.* 71) placés, l'un à droite, l'autre à gauche de la porte d'entrée, dans le sens de la largeur du bâtiment. Long de 3^m,15 et comptant huit barres, chacun d'eux donne place à 168 poules, à raison de 0^m,15 par tête. Le compartiment peut donc loger trois cent trente-six animaux, effectif maxi-

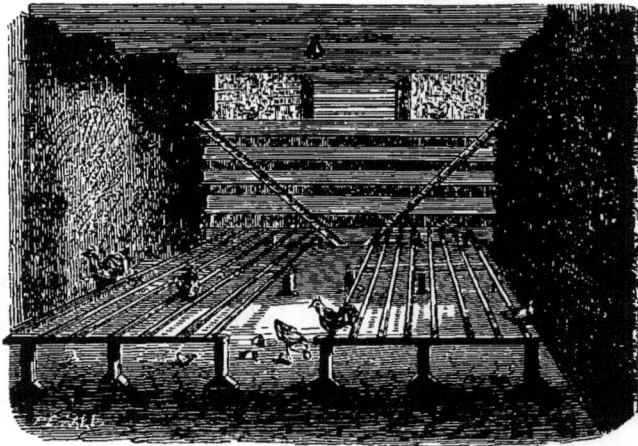

Fig. 71. — Intérieur du poulailler.

mum qui laisse à chaque habitant toutes ses aises. Celles-ci, en effet, ne résultent pas seulement de l'espace accordé, elles viennent encore et surtout de la grande quantité d'air pur incessamment renouvelé, d'une température presque toujours la même, et enfin de l'industrieuse propreté du local.

On entend trop communément par juchoir une sorte d'échelle à barreaux étroits ou ronds, à l'usage du

coucher des volailles, ayant son premier échelon à
$0^m,20$ au-dessus de l'aire, s'inclinant et conduisant son
dernier bâton jusqu'à $0^m,18$ ou même seulement $0^m,15$
au-dessous du toit. Ce meuble est solidement appuyé
et fixé en haut, en bas et sur les côtés. Les échelons
les plus élevés sont assez ordinairement les premiers
occupés, les préférés et les plus discutés, car leur pos-
session n'est souvent acquise qu'au prix de bouscu-
lades qui amènent le trouble et la confusion à l'heure
du repos et de la tranquillité. Le peu de soin qu'on
apporte en général à la confection de ce meuble le fait
si peu confortable qu'il rend défectueuses, dans la région du sternum, partie antérieure de la poitrine, les
poules qui en usent, et que beaucoup même refusent
de s'en servir. Elles se couchent alors ici et là, à terre,
parmi les ordures, et reposent fort mal, dévorées
qu'elles sont par les parasites.

Voilà de mauvaises conditions pour la santé et pour
la reproduction. Nous avons su les éviter ici.

Nos juchoirs sont mobiles, complétement plats, dans
le dessus, en forme de bancs. Chacun se compose de
huit barres en bois épaisses, larges de $0^m,10$ à $0^m,12$,
convenablement espacées entre elles, fixées à enco-
ches à quart bois, sur trois pieds de banc solides.
Toutes les arêtes sont abattues et les cornes des pieds
ont été enlevées en pente afin qu'aucune poule ne soit
tentée de s'y arrêter et d'y percher. Le dessus du banc
est à $0^m,40$ du sol, hauteur convenable pour toutes les
races de volailles, voire les plus lourdes qui peuvent
toujours y arriver sans fatigue, s'y poser sans contes-

tation, et sans avoir à redouter les chutes, encore assez fréquentes, qui se produisent dans l'autre système. Tous les habitants du lieu, on les voit, perchent commodément ici au même niveau. Ils occupent comme un premier étage sur lequel chacun vient prendre paisiblement son rang et sa place. A cette élévation la couche d'air est plus pure que dans les régions les plus basses et les plus hautes.

Un espace de 2 mètres reste libre entre les juchoirs, dans le milieu, et les sépare. C'est précisément au point moyen que se trouve, en haut, l'ouverture du ventilateur. Une bouche de calorifère, dont je parlerai plus loin, sort du milieu du plancher, de façon à pouvoir répandre, dans toutes les parties de l'habitation, sa chaleur bienfaisante, mais atténuée déjà par le mélange des diverses couches d'air avant d'atteindre les points occupés par les juchoirs et par les poules. C'est principalement à l'approche des longues nuits d'hiver qu'il y a lieu de recourir au chauffage artificiel, pratique usuelle en Alsace, mais trop peu connue ailleurs.

Dans la largeur du poulailler, laquelle mesure, si on veut bien se le rappeler $4^m,50$, sont posés et retenus, entre deux forts tasseaux, les juchoirs, à égale distance des deux murs de face. Il reste donc de part et d'autre un couloir libre de $0^m,675$. Ces couloirs ont une double destination. Ils servent d'accès aux juchoirs et aux pondoirs dont il est temps de parler et qui font affaire d'importance, car la poule veut être commodément pour pondre.

D'après les dispositions que je viens d'expliquer, les pondoirs ne pouvaient être placés en nombre suffisant que si on les étageait contre les deux murs de face. Or, l'espace utile se trouvait limité, par l'ouverture de la porte, à 9 mètres.

Accordant 0^m,25 à chaque nid, dans cette dimension, on en établit 36, et, formant cinq rangs pareils, superposés à une distance de 0^m,30, on eut 180 pondoirs très-confortables. C'est assurément plus qu'il n'en fallait. Mais ce qui abonde ici ne vicie pas, c'est bien le cas de le dire. Pour rester un peu isolées pendant la ponte, les poules n'en sont que plus satisfaites. Le rang inférieur est posé à 0^m,10 au-dessus de l'aire ; le rang le plus haut ne dépasse pas 1^m,50 d'élévation.

Du reste, la construction est de la plus grande simplicité. Elle consiste en une auge faite en planches, appliquée contre le mur où elle porte sur des bras en fer de façon à pouvoir être enlevée à volonté. A l'intérieur, les séparations ont été obtenues au moyen de planchettes mobiles retenues par des coulisses en bois établies à 0^m,25 les unes des autres. Le devant de l'auge des quatre rangs supérieurs présente une sorte de marche en planches. Deux échelles, étroites et légères, mènent du sol au nid dont l'accès est ainsi des plus faciles. La poule qui va chercher le pondoir y arrive paisiblement, sans déranger celles qui tiennent déjà le nid, et elle le quitte sans plus d'ennui puisque chaque côté du poulailler, ainsi meublé, est pourvu de son échelle. La mobilité des planchettes, formant cloison, laisse toutes facilités pour les nettoyages et les remplacements de la paille dont on garnit les pondoirs.

N'oublions pas que, dans chaque nid, ainsi disposé et préparé, on tient à demeure un faux œuf, un œuf en plâtre.

On recommande avec raison de n'employer à la construction ou à l'ameublement des poulaillers que le moins de bois possible, afin d'offrir à la vermine, qui pullule toujours, le moins possible aussi de refuge. On veut donc que tous les trous, que tous les joints soient mastiqués avec soin, et que les juchoirs et pondoirs en planche soient, en outre, revêtus d'une couche épaisse de peinture.

Mon visiteur ne trouvera aucune peinture ici, mais il observera que tous les bois employés, bois de sapin tout simplement, ont été préparés par le procédé du docteur Boucherie. La propreté aidant, les mites de toute espèce, acares et poux de bois, y sont à peu près inconnus.

Avant de nous retirer, un mot sur la galerie. Pourvue à ses deux bouts d'escaliers en tout semblables à ceux d'un chalet suisse, elle se continue en retour, sur les façades nord et sud du bâtiment, par un prolongement demi-circulaire d'environ 3 mètres et porte dans toute son étendue un petit rail-way. C'est la miniature du genre. Rien n'y manque. Le truc qui le parcourt trouve, à chaque extrémité de la galerie, une plaque tournante qui permet de le faire passer sur les côtés du poulailler. En dehors de chaque prolongement latéral, descend d'une poulie portée, par un bras de fer, un petit appareil au crochet duquel on fixe tout ce qu'il s'agit de faire monter ou descendre en vue du service, comme sable pour litière, paille pour les pondoirs, enlèvement des fientes et transport des œufs dont la récolte est nécessairement considérable.

Une manière de tombereau plat se pose sur le truc quand il s'agit de vider les poulaillers ; ce sont des boîtes à œufs d'un très-bon modèle dont on charge le petit véhicule aux heures de la récolte des produits de la ponte. Tout cela est simple, commode et facile.

2. LE DESSOUS.

Vous trouverez ici la même division qu'en haut : quatre compartiments égaux donnent : la chambre à œufs, la chambre à grains, la cuisine et le couvoir.

Comme point de départ, le sous-sol réunit toutes les conditions de salubrité voulues pour la bonne conservation des œufs, des grains, et la pleine réussite des

Fig. 72. — La chambre aux œufs.

couvées. Pourvue de porte et de croisées convenablement posées et disposées qu'on gouverne à sa guise, chaque pièce est tout à fait indépendante des autres. Ayant sa destination spéciale, il a été facile de l'approprier complétement à cette destination même.

a. La chambre aux œufs. Les œufs sont bien lorsqu'on peut les déposer en un lieu sain et sec, également abrité contre la chaleur et contre le froid. La chambre qui leur est affectée ici (*fig.* 72) est à l'extrémité nord du bâtiment. A droite, à gauche de la porte d'entrée, et au fond, elle est garnie de casiers sur lesquels on glisse les boîtes à œufs dont il a été parlé. Une ardoise sert aux inscriptions relatives

Fig. 73. — La chambre à grains.

aux entrées et aux sorties journalières. Un casier spécial est réservé, en temps opportun, à la conservation momentanée des œufs dont on a fait choix en vue de l'incubation.

b. La chambre à grains. Cette pièce où tout a été minutieusement entendue en ce qui touche la question de salubrité est très-simplement meublée. Elle contient cinq caisses à grains du système Audéoud, que j'ai fait connaître page 81 du premier volume de cet ouvrage. Elles sont placées en losange, ainsi qu'on le voit dans la figure 73, sur une même ligne, contre le mur du fond, en avant plutôt puisqu'elles ne la touchent pas. En regard sont deux coffres pour la farine et pour le feu, un de chaque côté de la porte ; ils sont

Fig. 74. — La cuisine.

construits d'après le même système et présentent les mêmes avantages. Quelques cribles, des mesures de capacité bien connues complètent l'ameublement de cette pièce indispensable dans les éducations nombreuses.

c. *La cuisine.* A la suite de la chambre à grains vient la cuisine (*fig.* 74). Le nom seul dit assez que cette pièce est particulièrement destinée à la préparation d'une partie de la nourriture. Elle contient un fourneau, fort bien entendu pour la cuisson à la vapeur des aliments. De cet appareil de chauffage partent des tuyaux à air qui portent, quand cela devient utile, la chaleur dans les quatre poulaillers et dans le quatrième compartiment du sous-sol, c'est-à-dire dans le couvoir. Il va de soi que les choses sont établies à cet égard de façon à ce que la transmission de la

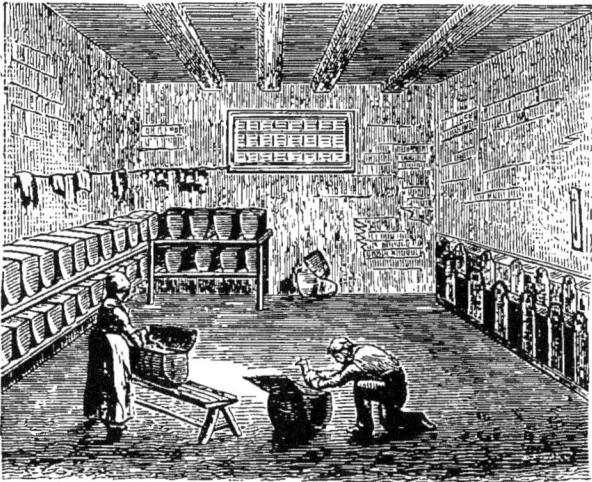

Fig. 75. — Le couvoir.

chaleur artificielle puisse être modérée ou suspendue à volonté. Dans un angle de la pièce, une porte à ras terre donne accès à une cave, une manière de silo plutôt, dans lequel on conserve des racines, pommes de terre ou betteraves. Contre les murs il y a des tables et des rayons dont il serait oiseux d'indiquer l'usage. La cave a été creusée sous la chambre à grains.

d. *Le couvoir*. Voici maintenant (*fig.* 75) la chambre à incubation. Sur l'un de ses côtés, elle montre quarante-six paniers à couveuses rangés les uns près des autres, et sur deux rangs superposés, sans se toucher néanmoins sur une sorte de table, large de 0^m,45, solidement fixée sur des tréteaux de 0^m, 30 de hauteur.

Les paniers sont en osier et offrent les dimensions suivantes, prises de l'intérieur : longueur, 0^m,38 ; largeur 0^m,30 dans le haut et seulement 0^m,24 dans le fond ; profondeur 0^m,26. Ils ont tous leur couvercle, et sont tous accompagnés d'un morceau d'étoffe de laine, taillé sur les dimensions du couvercle.

Une table à tiroir, un registre, tout ce qui est nécessaire pour écrire ; un petit placard renfermant quelques linges, complètent l'ameublement de cette pièce qu'on peut assombrir et échauffer autant que le comporte sa destination. En son milieu surgit par le sol un tuyau de chaleur. Par la situation extrême, elle est éloignée de toute cause de bruit et de trouble.

En dehors et sous l'épaisseur du mur méridional du bâtiment, ont été établis, sous l'auvent protecteur formé par la galerie, deux rangs superposés de mues, composés chacun de douze cases servant aux repas des couveuses.

On connaît cette sorte d'engin, cage rustique coupée d'autant de séparations qu'on doit y apporter de poules à la fois. Les côtés, toute la partie du dessus, qui dépasse le mur, et le derrière, sont en bois plein ; mais chaque case communique avec le couvoir par l'ouverture pratiquée en arrière et fermant par un guichet.

Cette disposition fait que les personnes chargées des soins à donner aux couveuses n'ont pas à sortir pour les porter à la mue ou pour les y reprendre quand le repas est terminé. La mue a été posée sur les fondations du mur présentant une surface plate, élevée de $0^m,12$ au-dessus du sol extérieur, dans une situation très-sèche, par conséquent. Les poules du premier rang y sont à terre, sur le sable le plus propre, car la mue n'a pas de fond. Le devant de la cage est clos, comme à l'ordinaire, par des barreaux distants de $0^m,06$ les uns des autres, de façon que les couveuses puissent passer la tête et atteindre les vases en terre cuite qui leur offrent à chacune et le boire et le manger.

Chaque case donne intérieurement une place de $0^m,40$ en hauteur et en profondeur, sur $0^m,37$ de largeur. Les cloisons intérieures dépassent la cage de $0^m,06$ en avant, de façon que les poules occupées à manger ne puissent pas se voir.

Cette manière de placer et de construire la mue est une nouveauté. On en a fait autrement jusqu'ici et je ne blâme en aucune manière le mode usité. J'en parlerai, car il a son utilité, mais comme le meuble portant ce nom sert également à l'habitation temporaire des volailles en graisse, je ne la décrirai qu'à la fin du paragraphe suivant.

3. LES PARCS ORDINAIRES, LE TERRAIN D'ÉLEVAGE ET LES PARCS A ENGRAISSEMENT.

a. La poule est d'humeur vagabonde. Celle qu'on retiendrait sédentaire coûterait plus et rapporterait moins. Je laisse les petites éducations se conduire suivant les possibilités ou les exigences du principal auquel on les ajoute et j'arrive droit à la nécessité des parcours d'une certaine étendue pour les éducations considérables par le nombre. La poule a besoin d'une certaine liberté d'allures, elle ne prospère pas dans une captivité trop étroite, il lui faut, au contraire un certain espace pour s'ébattre. J'obéis à ce besoin, je m'y soumets avec la certitude de la mettre en meilleure situation et par là d'aider beaucoup au développement de sa fécondité.

Donc, en avant de mes poulaillers, j'ai établi quatre parcs, un pour les habitants de chaque compartiment et, favorisé par les circonstances, je leur donne, pour limite extrême, un semblant de ruisseau, à pente insensible de ce côté, à bord escarpé et ombreux, par contre, sur l'autre rive. L'eau court sur un sable fin, claire, limpide, excellente, sans menacer de sortir jamais de son lit étroit et peu profond. Il faut de la belle et bonne eau aux poules, la rencontre est merveilleuse et j'en profite, aussi bien ai-je oublié de dire précédemment que, sur la façade du bâtiment, sous l'auvent qui forme la galerie, il y a une aire très-solide qui sert aux distributions d'aliments et de refuge aux animaux par les gros temps, puis, chose essentielle, deux bonnes fontaines fournissant toute la quantité d'eau potable à tous les besoins. De ces appareils, pourvus de robinets, on la fait couler dans de petites auges en pierre faciles à nettoyer.

Je reprends mon récit. Du poulailler au ruisseau, en s'étendant sur les côtés, on a mesuré quatre espaces égaux, de 60 ares chacun et de forme différente : ceci n'importe guère, mais bien séparés les uns des autres par des haies défensives touffues et hautes. Ce sont les parcs.

A quelque distance l'un de l'autre ont été plantés des petits massifs d'arbustes, groseilliers, acacias, et mûriers dont les fruits plaisent beaucoup aux poules, dont le feuillage leur prête, au temps des chaleurs, une protection efficace, nécessaire.

Ce n'est pas encore tout. Avant d'arriver aux massifs, on trouve dans chaque compartiment un hangar rustique dont la construction coûte peu et dont l'établissement est singulièrement heureux à en juger par sa recherche habituelle, car je le vois habité par tous les temps, bien qu'il ait été plus spécialement élevé en vue de l'hiver, des jours de neige et de grande pluie. Bien fermé au nord et au couchant, il est complétement ouvert à l'orient et seulement à demi à l'exposition du midi. Le sol en a été haussé de quelques centimètres et disposé en talus du fond à l'avant; il est recouvert de gros sable et proprement tenu.

Ici et là, enfin, à quelque distance les unes des autres, dans toute l'étendue des parcs et jusque dans les bosquets, se voient de petites fosses peu profondes, remplies de sable fin dans lequel les poules viennent se poser et se poudrer.

Voyons à présent l'installation du terrain réservé aux élèves.

b. C'est un enclos, cela va sans dire, un enclos peu différent des parcs. Il fait suite, à l'extrémité sud du bâtiment, au couvoir conséquemment. Cette exposition, on voudra bien le remarquer, avait ses exigences. Si elle a du bon, elle offre aussi des inconvénients, ceux qui naissent, durant l'été, d'une chaleur ardente et prolongée. On y a remédié en formant un véritable verger de 40 ares environ, où les petits trouvent à la fois de l'espace, de l'ombre sans humidité, une herbe toujours fraîche, grâce aux soins d'entretien ; des myriades d'insectes succulents ; une sécurité parfaite contre toute attaque extérieure.

Dans la partie la plus éloignée, où cesse le verger, une vingtaine d'ares est destinée à de petites cultures diverses et entremêlées dont je n'ai point à parler ici, mais qui sont d'une très-grande utilité aux jeunes.

Un meuble indispensable à la réussite de l'élevage, c'est la boîte de construction particulière, qui en porte le nom et que je dois décrire ici où j'en compte quarante-quatre, un nombre proportionné à l'importance annuelle des couvées. Elles forment une série de

petits poulaillers dont l'arrangement doit être connu ;
j'essayerai de le dire enquelques mots.

Sous un hangar léger (*fig.* 76) fermé sur trois côtés,
ouvert au levant et construit sur un petit tertre, a été
mise à demeure une boîte en bois blanc et en chêne,
sans fond, à deux compartiments égaux, séparés par
un grillage intérieur. Le derrière et les deux côtés
sont pleins ; le devant présente deux baies, une pour

Fig. 76. — Les boîtes à élevage.

chaque côté. Celle dans laquelle on emprisonne la
poule a deux panneaux, l'un grillagé pour le jour et
l'autre plein comme celui de la case aux poussins,
pour la nuit ; les trois panneaux sont mobiles ; le dessus est plat et pourvu d'un vitrage par lequel pénètre
la lumière dans les deux compartiments.

L'usage de cette boîte s'explique facilement. La
poule est enfermée dans sa case ; on lui apporte une

16

quizaine de poussins qui ont la liberté de demeurer avec elle et sous elle, ou de passer dans le second compartiment, où ils trouvent à boire et à manger, puis de repasser par la case de la mère pour s'en échapper à leur guise, et courir à leur convenance dans le parc aux élèves.

Les dimensions de la boîte sont les suivantes : longueur et largeur, 1ᵐ,35 ; hauteur, 0ᵐ,80. Les grillages intérieur et extérieur présentent la même construction et le même écartement. Celui-ci est de 0ᵐ,06 d'un barreau à l'autre, et la largeur des barreaux est de 0ᵐ,03.

Tous les assemblages sont complets et soignés, afin que le vent ne puisse pénétrer quand la boîte est fermée.

Du sable fin, sec et propre, ou de la charrée très-sèche couvre le plancher, et offre un couchage très-sain ; on nettoie avec soin tous les jours ; mais nous reviendrons sur ce point.

Le bois employé à la construction de ces boîtes a été, comme celui du poulailler, préparé par le procédé du docteur Boucherie. Quarante-quatre installations semblables, je l'ai dit, existent dans le terrain d'élevage et ont été pourvues des menus ustensiles nécessaires à la distribution du boire et du manger. Une borne-fontaine, établie au centre, donne l'eau pure et fraîche dont on a besoin.

Entre chaque hangar il y a un espace de 7 mètres environ.

c. L'engraissement des volailles se fait en liberté ou

en captivité. Les deux modes apportent une modification essentielle à la question d'habitation. Ils sont conséquemment de mon ressort, et je m'en empare pour ne pas rester incomplet.

— Le premier mode comporterait l'établissement d'un petit parc pour chaque catégorie d'animaux. La facilité, la promptitude et la perfection de l'engraissement remboursent en peu de temps les avances nécessitées par ce petit aménagement, lequel a cet autre avantage, fort appréciable aussi, de permettre de se rendre compte des profits ou des pertes de chaque éducation. Je dis, en passant, cela ne sera pas complétement perdu, je l'espère : la comptabilité est chose nécessaire en tout; c'est du moins un contrôle qui ne trompe jamais et qui éclaire toujours. Quel qu'il soit donc, le résultat qu'elle montre est toujours une satisfaction.

Le parc à engraissement diffère de ceux dont il vient d'être parlé. Il varie d'étendue et peut être formé par quatre, ou par six, ou par huit claies, suivant le nombre de têtes dont il doit limiter la liberté d'allure. Chaque claie mesure en général 1 mètre de hauteur sur 1^m,50 de largeur. On les appuie contre des piquets. L'éducation terminée, on les entasse sous un abri quelconque; elles y tiennent peu de place et se conservent longtemps en bon état.

Les animaux ne restent au parc que pendant le jour. Après le repas du soir, ils vont reprendre leur place accoutumée dans le poulailler commun, pour rentrer au parc, le lendemain, à leur lever.

— L'engraissement dans la mue, qu'on nomme encore épinette, demande d'autres attentions que je n'ai pas indiquées, mais il nécessite l'emploi du meuble qu'on désigne sous ce nom et que je dois décrire comme appartenant à la basse-cour.

C'est, ainsi que le montre la figure 77, une manière de cage en bois grossier, plus ou moins longue, et coupée d'autant de séparations qu'elle doit renfermer de volaille à la fois. Elle sert d'ailleurs indistinctement

Fig. 77. — L'épinette des poules.

de logement aux bêtes à l'engrais et de réfectoire aux couveuses. Il s'agit ici de sa construction.

Le plancher de l'épinette est fait en barreaux plats, posés et assujettis en travers; il est donc maintenu à une certaine élévation du sol, et la claire-voie laisse passer ses excréments qui tombent dessous. On les en retire chaque jour, cela va sans dire, afin d'éviter la malpropreté et ses inconvénients. Cependant, les mues destinées aux couveuses n'ont pas de plancher. On les pose à terre, et on remplace la claire-voie par une couche de sable fin. Cela ne dispense pas des soins de propreté, c'est bien entendu; on enlève facilement la fiente avec une petite pelle à main recourbée.

Le devant est fermé par un grillage assez large pour permettre aux volailles de passer la tête et de prendre la nourriture, le boire et le manger, qu'on sert dans de petits ustensiles mobiles dont le nettoyage est aisé.

Le derrière, les côtés et les séparations sont en bois plein.

Le dessus est plein ou à claire-voie. Plein, il donne peut-être plus de tranquillité aux animaux. On le ferait donc ainsi dans le cas où le meuble ne pourrait être mis en un coin tout à fait paisible, hors du bruit et de l'agitation. Il présente autant de portes qu'il y a de cases ou de cellules, et ces portes en planches s'ouvrent par charnière ou glissent dans des coulisseaux.

Chaque séparation doit être prolongée en dehors de $0^m,06$ environ, de manière que les animaux ne puissent pas se voir quand ils sortent la tête. On donne à chaque case un espace de $0^m,40$ en tous sens, — longueur, largeur et hauteur, — et, s'il doit servir à l'engraissement, on le pose sur des pieds qui l'élèvent de $0^m,60$ à $0^m,70$ au-dessus du sol.

Les épinettes et les mues sont ordinairement appuyées contre des murs secs et non salpêtrés. On les place sous un hangar ou tout au moins sous un petit toit pourvu d'une gouttière qui conduise à distance les eaux de pluie. Pas plus d'humidité ici qu'ailleurs; elle exerce en tout temps et sur tous les mêmes effets nuisibles.

16.

4. LA CHAMBRE A ENGRAISSEMENT.

La malpropreté érigée en principe. — Aveuglement de l'ignorance. — Vérité et préjugé. — Les erreurs de la routine. — Un peu de lumière. Les caisses à claire-voie. — La machine à empâter. — — Entonnage à la main.

La chambre à engraissement devient un lieu infect dans lequel on place de cinquante à cent têtes à la fois. L'engraissement est une industrie particulière à certaines contrées. Aux environs de la flèche, elle a un certain renom et donne le type d'une spéculation que l'oubli des règles les plus élémentaires de l'hygiène rend extrêmement chanceuse, éventuelle, dans ses résultats. Je m'exprime mal. On n'oublie pas seulement les prescriptions hygiéniques les plus sûres, on les méconnaît à plaisir, croyant faire mieux de les enfreindre sciemment que de les suivre intelligemment. Ainsi, on érige en axiome de pratiquer ceci, par exemple :

Les animaux étant confinés, par 6 ou 10 au plus, dans des cages de 0ᵐ,50 à 0ᵐ,60 de hauteur, appuyées aux murs d'une chambre, « on intercepte toute lumière venant directement du dehors ; on calfeutre les portes et les fenêtres du local, afin que l'air extérieur ne s'y introduise pas trop librement. Et de peur que la recommandation n'ait pas été bien comprise, on s'ex-

plique plus nettement encore dans ces deux apho-
rismes :

« Préparer un local obscur, où l'air soit le moins renouvelé, et où les poules soient parquées dans des
loges étroites, sans y être trop gênées ;

« Ne pas nettoyer ni enlever les fumiers pendant
toute la durée de l'engraissement. »

Voilà des principes bien opposés à ceux que j'ai posés nombre de fois dans le cours de ce travail. Ils ont
cela de dangereux que le procédé qu'ils constituent,
qu'ils entourent, donne, cela est certain, des volailles
grasses d'une réputation universelle. On ne voit que
celles qui ont réussi ; on ignore les pertes que subis-
sent les engraisseurs, et ces derniers sont tellement
aveugles ou ignares qu'au lieu de les rapporter à leur
véritable cause, — la viciation de l'air dont ils souffrent les premiers, ils les attribuent à quelque chose
d'occulte, d'inexplicable, de fatal, dont ils n'essayent
même plus de se rendre compte. Nul , disent-ils,
n'est à l'abri de pertes considérables. Il n'y a ni savoir ni attention qui y fassent, mais de la bonne et de
la mauvaise chance, des années plus ou moins favorables, et puis c'est tout.

Non, ce n'est pas tout. Il y a, ce que vous ne vou-
lût pas voir, un air vicié, impropre à la vie. Des habitants nombreux pour la capacité du vaisseau,
étroitement emprisonnés dans une obscurité constante, sans litière et vivant sur leurs excréments
qu'on n'enlève jamais... essayez donc d'une pareille
demeure ! Ce n'est pas seulement odieux, c'est im-

monde ; ce n'est pas odieux seulement, c'est stupide.

Et dire qu'il y a là un préjugé dont on ne guérira peut-être pas les engraisseurs avant un siècle ; qui sait ? lorsqu'une simple expérience, dictée par le bon sens, serait si aisée à faire, à amener sûrement à bien. En l'espèce, la question à élucider serait celle-ci : la propreté n'aiderait-elle pas, plus que la malpropreté, à la pleine réussite de l'engraissement ?

La croyance est que ce dernier état vient plus promptement et plus complétement sous l'influence des émanations ammoniacales abondantes que sous l'influence de l'air frais, constamment renouvelé. La vérité n'est pas là ; elle est dans ce fait : le maintien d'une certaine température de la chambre à engraissement. L'accumulation des fientes sous les volailles à l'engrais donne cette certaine température voulue, et voilà comment les excréments qui fermentent aident au succès que l'on poursuit. Mais il ne serait pas malaisé de trouver un moyen d'échauffement du local plus salubre et non moins satisfaisant, plus satisfaisant encore, car, grâce à lui, le chapitre des mécomptes serait très-notablement atténué au grand profit de la spéculation. On n'y pense seulement pas. Cela tient à ce qu'on n'aime pas la propreté, et on ne l'aime pas, elle qui est si féconde en bons résultats, parce qu'elle exige des soins inusités auxquels on est heureux de se soustraire, un petit surcroît de travail qui n'est pas dans les habitudes routinièrement contractées.

Les caisses à engraissement sont à claire-voie très-serrée ; on les isole de terre et on les place dans une chambre abritée contre le froid et les grands vents.

J'ai vu plus complet que cela, à Strasbourg, il y a bientôt trente ans, et j'ai raconté la chose ailleurs, dans mon petit livre, *poules et œufs*. La chambre à engraissement, en dehors de son immense casier, où chaque tête habitait seule sa loge, avait pour meuble une machine assez étrange qui servait à empâter les

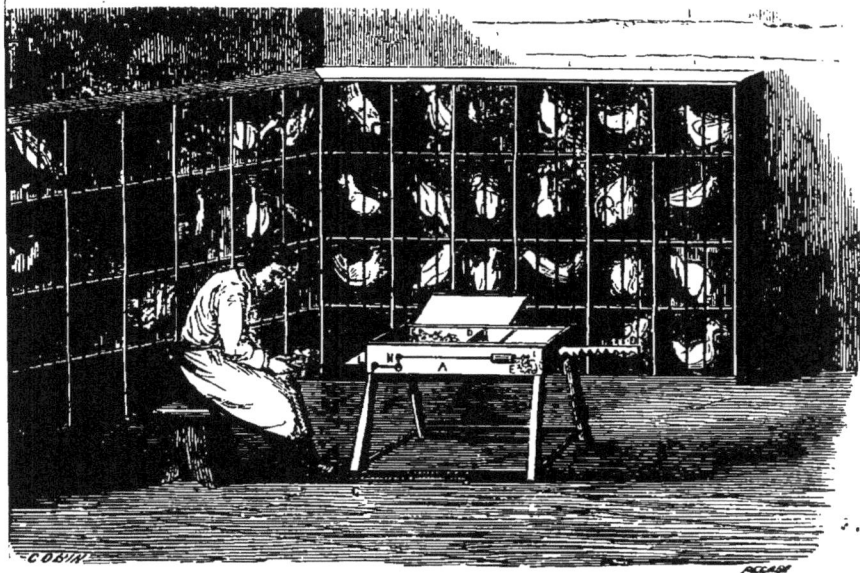

Fig. 78. — La chambre à engraissement, et la machine à empâter les volailles.

volailles. La figure 78 donne une idée de ce que j'ai vu sans offrir pourtant le dessin exact de la machine, lequel a été exécuté à vol d'oiseau et sur des explications résultant de souvenirs déjà bien éloignés.

Toutefois, cette machine à empâter les bêtes à l'engrais n'a pas été seule et unique en son genre. La *Ga-*

zette du village en a fait connaître une autre qui a, avec celle-ci, une parenté plus ou moins étroite. Mais la gravure ne l'ayant pas reproduite, je ne crois pas devoir m'y arrêter plus longtemps.

En maints endroits on se sert d'un entonnoir spécial à l'aide duquel on gave les bêtes à l'engrais. Ce procédé ne laisse pas que d'avoir ses lenteurs et ses difficultés. Il est certain que l'administration de la nourriture à la mécanique serait une simplification de l'entonnage.

5. MAISON ROULANTE.

Une nouveauté de vieille date. — Le poulailler ambulant. — Le gardien.

Bien que de vieille imagination, l'habitation temporaire des poules dans un véhicule facile à déplacer, n'a encore reçu que de rares applications. Celles-ci néanmoins recommandent à tous égards le moyen, et je suis convaincu que, dans un temps donné, le poulailler roulant sera plus communément adopté.

Quoi qu'il en soit, c'est une forme utile de l'habitation. A ce titre, je m'y arrête pour la faire connaître d'après son promoteur le plus ardent, M. Giot, un agriculteur émérite, un praticien plus progressiste que routinier.

Le poulailler roulant, établi sur quatre roues, (*fig.* 79) a 6 mètres de longueur, 2 mètres de largeur et 2 mètres de hauteur, proportions plus que suffisantes pour le logement aisé des 360 à 350 élèves qui doivent y passer quatre à cinq mois au plus, sous la surveillance d'un homme de confiance.

Le devant forme une chambre séparée par une cloison ; elle a sa porte d'entrée et une fenêtre, et diminue de 1^m,20 la longueur du poulailler. Elle sert de dortoir, de lieu de repos au gardien ; elle peut remiser des paniers à œufs, tous les ustensiles nécessaires au nettoyage, seaux, pelles, balais, etc. En arrière, il y a une porte à l'instar de celles des omnibus fermés, avec escalier. A l'intérieur, il y a un chemin libre au milieu, à droite et à gauche sont les juchoirs.

Fig. 79. — Le poulailler roulans.

Il y a des cases superposées sur trois rangs. On pourrait y faire couver ; les poussins trouveraient à se loger au rez-de-chaussée ; les couveuses occuperaient le rang qui vient immédiatement au-dessus ; les pondeuses iraient plus haut. Pour l'usage particulier qu'on

en fait ici, les poulettes qui commencent à pondre, à la fin de la saison, ont le choix. Dès le début,
pourtant, beaucoup se logent encore au rang le moins
élevé des cases; plus tard, toutes s'emparent des juchoirs où elles se trouvent sans doute plus commodé
ment encore.

Le gardien n'a pas grande fatigue. Un seul homme
pourrait suffire aux soins et aux travaux que réclament trois de ces poulaillers qui peuvent effectivement marcher de front, en les tenant à 100 ou 200
mètres de distance les uns des autres.

17

6. DERNIÈRES OBSERVATIONS.

Un portrait ressemblant. — L'arche domestique — Une macédoine regrettable. — La pintade et le poulailler.

Il y a loin du poulailler que j'ai montré de face et de profil à celui que nous connaissons tous, à cette petite étable basse, malpropre, infecte, sans fenêtre ni ouverture quelconque propre à l'aération, bâtie souvent en balai, dont les tiges sont assujetties par de simples lattes et des piquets, bientôt usés par la pourriture. Certes, on ne peut rien imaginer de mieux sous le rapport de l'insuffisance et de l'insalubrité, car à la misère du local s'ajoutent toujours l'abandon, l'incurie, la malpropreté et le mauvais arrangement ou des juchoirs ou des paniers de ponte.

C'est pis encore quand le poulailler ne reçoit pas la poule seulement, lorsqu'on en fait un lieu commun aux oies, aux canards, aux cochons même, lorsqu'on le place sur le flanc d'une fosse d'aisances dont il reçoit les émanations délétères et les mauvaises odeurs.

Le mélange des espèces est chose essentiellement défectueuse. Sont mal ensemble les animaux dont les

mœurs et les besoins diffèrent à ce point. Non-seulement ils se gênent, mais ils se nuisent réciproquement et ne réussissent guère mieux les uns que les
autres. Mieux vaut faire son choix et s'en tenir à une
seule espèce à laquelle dès lors on donne tout ce qui
lui est utile et bon, et qu'on a la satisfaction de voir
prospérer.

L'une des compagnes qu'on a le plus souvent essayé
d'imposer à la poule, c'est la pintade. La tentative
n'était pas heureuse. Il y a peu de sympathie, en effet,
entre ces deux gallinacées. La poule a le plus grand
besoin de paix et de tranquillité, elle ne fonctionne pas
au complet, dans l'intérêt de l'éleveur, si bien traitée
qu'elle soit par ailleurs lorsqu'on ne la place pas dans
ces conditions. Eh bien, la pintade est pétulante et
querelleuse, très-irascible et très-peu sociable pour les
autres oiseaux qu'elle pourchasse et qu'elle tient dans
la crainte. Il n'y a guère que le paon qu'elle ne domine
pas dans une basse-cour commune. Aux heures des
repas, les autres volailles n'osent approcher de la
nourriture et n'y touchent pas tant que les pintades ne
sont pas repues.

Du reste, la pintade, elle, n'aime pas le poulailler. N'y
étant pas suivant ses goûts elle le fuit; elle n'y entre en
quelque sorte que contrainte et forcée. Ses instincts lui
font préférer la vie à l'air libre, aussi va-t-elle se percher où elle trouve, où elle peut, sur les arbres
ou sur le faîte des maisons, aidant ainsi à leur plus
prompte dégradation. C'est donc lui être agréable
que de la laisser hors du poulailler. Elle s'accommode

mieux d'un perchoir confortable, élevé dans les airs et pareil à celui qui convient au dindon, mais elle se trouverait mieux à tous égards d'être traitée en tout comme on traite le faisan, dont je vais bientôt parler aussi.

III. — L'HABITATION DU DINDON.

Un emploi pour les vieilles roues. — Le droit à la respiration. — Une cohabitation pénible. — Un logis bien simple. — Question de propreté. — Une singulière imagination. — Les exigences de l'habitation en plein air. — Les pondoirs. — Les juchoirs. — Hangar rustique. — Les nids. — Le réfectoire. — La dinde au piquet. — Les abreuvoirs.

Le dindon adulte aime la vie en plein air, son habitation serait facile à établir en un coin de la cour, car elle consisterait simplement en un perchoir de forme ronde, fourni par une vieille roue montée horizontalement sur une perche. Beaucoup fuient le local qui leur est destiné, s'ils trouvent, dans son voisinage, un point commode où ils puissent jucher en sécurité. Cela se voit dans toutes les basses-cours pourvues d'arbres d'une certaine grosseur. Le feuillage n'est pas toujours ce qui attire ces oiseaux, car les arbres morts et qu'on n'a point abattus à leur intention, ne sont pas moins recherchés par eux que les autres.

Il est évident que ce qui plaît ici au dindon, c'est l'air pur. Il le trouve au dehors, il y reste. Les besoins de la respiration sont impérieux chez les êtres vivants et plus encore chez les oiseaux, alors même qu'ils vivent à terre comme s'ils n'appartenaient pas au monde ailé.

Je suis, je pense, dans la vraie question. On ne donne au dindon, lorsqu'on l'enferme, ni assez d'espace ni assez d'air. Cet oiseau est gros et tient de la place sur le perchoir ; on la lui mesure si étroitement qu'il en souffre et qu'il n'acquiert pas alors tout son développement : sa croissance en est ralentie et sa conformation se ressent de la gêne qu'on lui impose.

En quelques endroits, on a l'habitude de le mettre en cohabitation avec les poules. Ceci n'est agréable ni à lui ni à elles. Je blâme le fait. Il ne présente aucun avantage et il a l'inconvénient de contrarier les goûts des animaux et de leur nuire, de les troubler assez tout au moins pour qu'ils ne soient pas complétement heureux. Les petites éducations ne peuvent pas toujours offrir un bâtiment séparé à chaque espèce, mais elles peuvent toujours établir dans un bâtiment donné des divisions bien entendues et mettre chaque espèce à sa place, à son aise, suivant ses besoins et ses goûts.

Cela posé, il est bien simple de dire que la demeure fermée du dindon ne diffère de celle de la poule que par le plus de place qu'occupe nécessairement le plus gros des deux. Pour un même nombre d'habitants, il faudrait donc des dimensions tout autres et proportionnées. Par ailleurs, les dispositions seraient les mêmes sauf que les pondoirs devraient être établis sur le sol ou à une très-petite élévation, contre les murs, de façon néanmoins à ce qu'ils ne puissent pas être salis, car la dindonne ne supporte la malpropreté ni dans son pondoir ni sur ses œufs. Elle ne se placerait pas non plus, pour pondre, sur un morceau de plâtre ou de craie, sur un œuf faux ou postiche, il lui en faut un véritable sans quoi elle cherche ailleurs, et si elle ne s'égare pas, elle s'écarte et se cache assez bien pour qu'on ne retrouve pas toujours très-facilement l'œuf qu'elle a pondu secrètement, mystérieusement, et dont elle n'annonce pas l'avénement par le chant de triomphe particulier à la poule.

La ponte devient, chez cette espèce, objet d'attentions spéciales ou tout au moins de sollicitude active de la part de la ménagère. Le nombre d'œufs n'est pas tellement considérable qu'il soit indifférent de les récolter au complet ou seulement par à peu près. Mais toute la sollicitude qui s'attache à la ponte serait inutile si les nids ou pondoirs étaient intelligemment compris, installés de façon à répondre de tous points à la fantaisie, et, plus exactement, aux instincts de la pondeuse : afin d'éviter les pertes, on s'est mis martel en tête, on s'est ingénié à trouver des moyens de coercition qui ne cadrent guère avec les idées de liberté, avec le besoin de mouvement et d'indépendance de la femelle pendant la saison de la ponte. On épie le moment et, lorsqu'on le croit enfin venu, on contraint la poule à venir coucher dans une petite écurie, dans un local *ad hoc* mais provisoire. Chaque matin la ménagère les *tâte* et retient celles qui *ont l'œuf*. L'imagination est pauvre à tous les points de vue, pauvre et très-assujettissante pour les petites éducations, impraticable pour les autres, et défectueuse toujours par le trouble que cette singulière exploration, jointe à une réclusion pénible, jette dans l'existence et dans la vie d'animaux qu'il faut déranger le moins possible.

Je n'ai pas d'objection à produire contre l'appropriation d'un local particulier aux pondeuses alors même qu'elles auraient pour habitation ordinaire un poulailler convenable. Il est peut-être même une nécessité pour les éducations suivies et considérables qu'il contribuerait, sans aucun doute, à rendre plus profitables, mais il est indispensable pour les femelles privées d'habitation ordinaire, vivant dehors et perchant ou sous un hangar ou en plein air dans une cour. En tout état de cause, il offre toutes les commodités voulues pour la ponte en commun, il permet de la fixer dans le même lieu et de la diriger jusqu'à un certain point par la distribution facile des nourritures spéciales qui peuvent la hâter et la rendre tout à la fois plus active, plus nombreuse et d'une récolte bien plus assurée.

Que le local réservé à cet effet soit donc paisible et sec, pourvu de paille saine, fréquemment renouvelée et convenablement rangée en nids par terre, ou du moins très-peu élevés au-dessus du sol, car la dinde aime à y arriver de plain-pied, si je puis dire ainsi. Elle veut aussi s'y trouver très à l'aise; on aurait donc tort de trop serrer les nids.

En m'arrêtant autant à ce simple détail, j'ai voulu faire comprendre toute l'importance qu'il a en réalité, et mieux faire sentir les résultats ordinaires du peu d'attention qu'on lui prête en général.

Les juchoirs à dindons ne sont pas faits avec plus de

soin et une meilleure entente que ceux de la poule ; on les compose de barreaux trop étroits et on les dispose en gradins les uns au-dessus des autres. Je n'ai plus à dire les vices de ce mode, je me borne à recommander les juchoirs plats : seulement, ils doivent avoir plus de force et de résistance, de plus grandes dimensions puisqu'ils donneront asile et support à des animaux de plus grande taille, plus volumineux et plus lourds. Les mesures sont faciles à déterminer. Il faut aussi les tenir plus hauts et les élever au minimum à $0^m,80$ au-dessus de l'aire.

Pour les adultes et même pour les jeunes pris après qu'ils ont poussé le rouge, j'aimerais que l'on se conformât à leur goût, qu'on laissât à leur libre disposition dans la cour, le dessous d'un hangar rustique, meublé de juchoirs en nombre suffisant, établis sur de vieilles roues horizontalement montées à $1^m,50$ et même à 2 mètres sur un piquet solide (*fig.* 89). Les oiseaux s'y établissent circulairement, ou sur les raies élargies avec la plane ; se trouvant tous au même niveau, ils ne se salissent pas les uns les autres. Faire la litière et enlever les fumiers sont choses bien faciles ici. Le hangar doit être fermé sur un, deux ou trois côtés suivant l'occurrence, afin de mettre ses habitants à l'abri des vents froids et âpres de la localité.

Il ne me reste plus à parler que du nid proprement dit, du point qu'habitera la couveuse pendant l'incubation. Celui-ci ne nécessite vraiment aucune préparation particulière, mais il faut le placer très-sainement, au sec et au chaud, car ce n'est pas assez de le tenir seulement à l'abri du froid. La chambre à four ou

Fig. 80. — Juchoirs à dindons.

mieux une pièce y attenant serait un excellent couvoir
à la condition d'y maintenir plus d'obscurité que de

lumière, plus de silence que de bruit, toute la tranquillité en un mot qui ôte souci, inquiétude, distraction quelconque à la couveuse, laquelle veut être calme et paisible, sur ses œufs, tout entière à l'importante fonction qu'elle accomplit.

Quant au nid en lui-même, on l'arrange d'ordinaire sur des brins de menu bois ou de bruyère, qui forment une première couche à terre. On tortille de la paille attachée en rouleau, on la façonne en rond et on en forme le dessus du nid en posant sur la paille dont on a déjà couvert le menu bois. On évite, de la sorte, un creux trop accentué dans le milieu, et les œufs sont mieux placés que sur une surface trop concave, la couveuse a plus de facilité pour les retourner et les gouverner à sa guise, ce qui est d'une très-grande importance pour le succès de l'incubation.

La cage aux petits est une manière de réfectoire à l'usage des plus jeunes, un réfectoire-abri qui rend de bons services au premier élevage.

Tout le monde connaît la cage à poulets, c'est elle qu'on emploie ici. On la place en un lieu bien sec de la cour, on l'élève à 0^m, 12 au-dessus du sol (*fig.* 81) de manière à ce qu'il y ait, pour les petits dindonneaux, toute facilité de passer, d'aller et venir à leur fantaisie. On porte dessous (la place ayant été minutieusement appropriée) la pâtée qui leur servira de nourriture et qu'ils iront prendre sans pouvoir être gourmandés par la mère, dûment empêchée. A distance honnête, on la met au piquet, avec une ficelle de longueur et de grosseur convenables, qui l'attache par la patte. Libres au-

tour d'elle, les petits ne s'aperçoivent ni de sa dé-
tresse ni de sa résignation; ils baguenaudent tout à
leur aise, mangent et boivent en s'exerçant capricieusement et en retrouvant leur mère chaque fois que
le cœur leur en dit. Celle-ci, du reste, a pour consola-
tion, à sa portée, et le boire et le manger. Le vase qui

Fig. 81. — La cage aux petits et la mère au piquet.

contient sa boisson est très-élevé afin que les enfants
ne puissent y atteindre, se mouiller ou même se noyer.
Celui qui leur est destiné, se place sous la cage et,
comme de raison, est peu profond.

Tout cela est sûrement plein d'intérêt, mais je dois
me contenir pour ne pas sortir de mon cadre.

IV. — L'HABITATION DE L'OIE.

Un programme d'une grande simplicité. — Les deux côtés de la
médaille. — Les moyens d'aération. — Les effets de la domesticité. — La demeure des oisons. — Le logis des bêtes à l'engrais.
— L'oie ne mange pas; elle digère. — L'entonnoir. — Le vase à
long col. — Une description attardée. — Les prescriptions de
l'hygiène. — La séquestration. — La torture. — L'épinette des
oies. — Les oies en pot. — A beau mentir qui raconte de loin.
— Le parcage des oies. — Petite innovation à tenter.

L'oie n'est pas très-privilégiée dans celles de nos
basses-cours où elle occupe une place quelconque.
Elle mérite pourtant mieux, et c'est à regret que je la
vois généralement traitée avec si peu de façon, quant à
son logement particulier, lequel n'a, du reste, aucune
exigence qu'il ne devienne aisé de satisfaire. En effet,
les *desiderata* sont peu nombreux.

Il faut à ces animaux, non loin d'une petite pièce
d'eau où ils vont se baigner quand ils en ont besoin, un
toit particulier, une division quelconque des bâtiments
de la basse-cour ou bien un compartiment sous le
poulailler ordinaire dans les petites éducations. Mais
que ce local soit sain, aéré, convenablement spacieux;
que la litière y soit fréquemment renouvelée, que l'enlèvement des fumiers y soit habituel et non un fait rare,
un cas réservé. Et puis, c'est tout, car il n'est besoin

ici d'aucun aménagement spécial. Les bêtes ne perchent pas et vivent dehors, leur logement est une simple retraite pour la nuit. Comment ne la fait-on pas assez large, et pourquoi ne la pas tenir propre? Si simples et si faciles à satisfaire que soient les besoins d'un animal, l'incurie dépasse toujours la mesure et fait qu'on reste en deçà du nécessaire. On dirait que ce ne sont jamais ni le bien ni l'utile qu'on se propose, mais l'opposé. Où il y a beaucoup à faire, beaucoup à prévoir, on comprend la fatigue et ses suites ordinaires, mais où tout se réduit à si peu, je ne comprends pas l'abandon, car la question d'intérêt est toujours là qui commande. On se fait à la négligence plus qu'au reste. Ah! la paresse est une belle chose! elle est cause ici qu'on entasse dans de petites écuries obscures et humides, basses et infectées, des animaux qui demandent une demeure saine, de l'espace, de l'air respirable, une grande propreté. Prenez le contre-pied de toutes vos habitudes, alors vous ferez bien, et vos éducations vous donneront moitié plus qu'elles ne rendent. Une porte, une ou deux fenêtres plus larges que hautes, placées sous le plancher supérieur et fermées par des persiennes à lames mobiles, deux ou trois tuyaux de drainage traversant obliquement le mur dans sa partie la plus élevée, une aire bien unie, impénétrable : telles sont les conditions, faciles à remplir, de cette habitation. Mais il faut, pendant le jour, tenir ouvertes portes et fenêtres, enlever souvent le fumier et recouvrir de même le sol d'une suffisante couche de litière saine et sèche.

La domesticité étreint moins étroitement l'oie que plusieurs de ses compagnes de basse-cour. Aussi fait-elle souvent son nid elle-même. Dès qu'elle veut pondre, elle ramasse et porte à son bec des brins de paille dont elle construit convenablement le berceau de sa future couvée. On l'observe : si elle fait bonne élection de domicile, on ne la dérange pas, on se borne à l'aider; si elle se place mal, on lui commence un nid en un endroit meilleur, en un point sec, chaud, solitaire. On dépose à côté un peu de paille flexible coupée en deux ou trois, et la bête continue le nid qu'elle confectionne presque plat. On la soutient dans son projet de pondre là, puis d'y couver ensuite, en mettant de la nourriture à sa portée, c'est essentiel pendant l'incubation, car alors elle ne se dérange pas, et la couvée réussit mieux.

Aux oisons qui naissent il faut aussi une demeure spéciale et provisoire ; à mesure qu'ils sortent de l'œuf on les met dans un panier, dans une large et profonde corbeille, ou dans l'un de ces vases en bois que l'on nomme *comportes* en certains pays, notamment en Gas-cogne, en Normandie. Vase, corbeille ou panier, on remplit à moitié de paille fine et sèche, ou bien on garnit de laine ; il doit être assez vaste pour éviter que les oisons s'échauffent par un contact immédiat. Le reste est affaire différente et regarde l'élevage proprement dit, non l'habitation. Les oisons ne séjournent guère dans la comporte ou la corbeille. C'est en Gas-cogne qu'on les y tient le plus longtemps, six, huit, ou dix jours. Par les froids, on étend par-dessus une couverture en laine; par les chaleurs, on se contente d'un drap, d'une toile quelconque.

La demeure des bêtes à l'engrais est plus variée, plus compliquée aussi. L'oie est un peu la victime de l'engraisseur, mais son aptitude à faire de la graisse l'a prédestinée au traitement spécial qui en favorise la production la plus active et la plus abondante. En ceci, une seule chose me regarde pour le moment, l'habitation pendant la durée de l'engraissement.

En Gascogne, la chose est très-simple et peut servir de type. On les tient rigoureusement enfermées dans leur chambre; on les oblige à garder les arrêts forcés chez elles. J'entends par là qu'elles sont prisonnières dans le compartiment spécial de l'étable où on les confine prisonnières, parcequ'elles ne peuvent pas vagabonder, elles sont libres néanmoins dans l'enceinte qui les contient. On les fait sortir de temps à autre pour aller au bain ; elles n'abusent pas toutefois de la permission, car on les force à rentrer dès qu'elles ont terminé leurs ablutions. Ceci revient à démontrer la nécessité d'avoir de l'eau tout près ou dans le voisinage, mais sous ce rapport même, l'exigence est mince. L'élevage qui se fait aux bords de ruisseaux clairs et limpides trouve là, sans doute, une bonne situation dont il profite, cependant les localités sèches ne sont pas pour cela défavorables; la moindre flaque d'eau suffit aux besoins de l'oiseau.

On ne rencontre ici aucun appareil pour le service de table. L'oie n'est pas tenue de manger, mais de digérer. On la gorge, on la gave à la main deux ou trois fois par jour, avec du maïs et par voie d'entonnage : « La femme qui pratique l'opération, dit M. Martegoutte, met l'animal entre ses jambes, insère, dans le bec et le gosier, un entonnoir à tuyau assez allongé, fait tomber les grains de maïs, les pousse avec un léger bâton, et, dès que ces grains s'accumulent dans le cou, elle les fait descendre par une pression de la main. On donne de temps en temps un peu d'eau. Quelquefois, et ceci a lieu principalement pour la mise en état des oisons de primeur, on place à côté des oisons un vase à long col dont le fond est rempli de grains de maïs et le restant d'eau. L'oison ne tarde pas à y plonger le bec et le cou pour aller chercher le maïs ; il barbotte, mange et boit à l'aise, et tout à la fois. »

Le vase à long col n'a pas besoin de description. Il aura suffi de dire qu'il constitue parfois un meuble nécessaire dans l'habitation des oisons. Je n'en dirai pas autant de l'entonnoir qui doit être construit d'une certaine manière, pour remplir complétement, efficacement sa destination, pour ne devenir pas, en des mains peu exercées ou malhabiles, un instrument de dommage. J'ai parlé déjà de l'entonnage à l'occasion des poules, il faut vider ici la question pour ne pas laisser une lacune.

L'instrumnet est tout simplement en fer-blanc ; sa capacité peut varier. M. Charles Jacque veut avec raison qu'il puisse contenir tout ce qu'il faut donner, par repas, à chaque sorte de volaille. C'est là une attention utile et une certaine facilité pour l'opération de l'entonnage. Il en donne, du reste, la description suivante, accompagnée des trois petites figures que je place sous les nᵒˢ 82, 83 et 84.

« L'ouverture supérieure de l'entonnoir a $0^m,10$ de largeur et $0^m,06$ de profondeur en mesurant son axe. Le tuyau ou goulot mesure $0^m,09$ de longueur. La partie supérieure du tuyau ou goulot, celle qui tient au récipient, a $0^m,02$ 1/2 de large extérieurement, et le bout inférieur a $0^m,01$ 1/2 extérieurement. Ce bout, destiné à entrer dans le gosier des animaux, est coupé en diagonale et retroussé de façon à former un petit

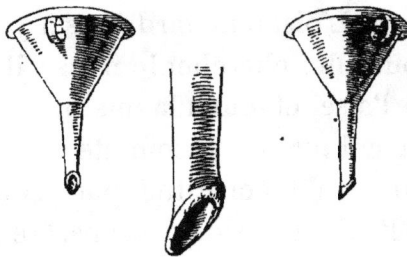

Fig. 82.   Fig. 83.   Fig. 84.

Entonnoir pour l'engraissement des volailles.

rebord arrondi. Ce rebord est en outre bien adouci par une petite couche d'étain habilement fixée au fer à souder.

« Au bord supérieur de l'entonnoir est fixé un petit anneau destiné à recevoir l'index de la main droite ; mais la place de cet anneau est loin d'être indifférente, car il faut que, tenant d'une main la tête de la volaille, on puisse de l'autre entrer l'entonnoir dans un sens voulu, ce qui se fait naturellement quand l'anneau est convenablement placé.

« L'orifice du bout inférieur de l'entonnoir (qui, comme nous l'avons dit, est coupé en diagonale) *doit* être tourné du côté de celui qui opère, c'est pourquoi l'anneau en question est soudé sur le bord supérieur de l'entonnoir à 0m,05 à droite de la direction de l'orifice inférieur du goulot.

« Les personnes qui ont une grande habitude se servent de l'entonnoir sans aucun danger ; mais celles qui n'en font pas continuellement usage risquent d'érailler les parois du gosier ; aussi est-il excellent d'en entourer l'extrémité d'un bout en caoutchouc qui en augmente le moins possible le volume, et cette précaution évitera les accidents pouvant déterminer des maladies.

« Tout cela est très-simple, et je ne m'étends aussi longuement sur cette opération que pour la faire bien comprendre, et parce qu'elle est de la dernière importance. »

La description de l'entonnoir m'a un peu détourné, je reviens pour dire que la température de la petite étable doit être maintenue, pendant l'engraissement, au degré que celui-ci réclame toujours et qui est constamment plus élevé que celui auquel on essaye de tenir l'habitation ordinaire des animaux de la même espèce non soumis à l'engrais. Il faut aussi que la lumière y pénètre moins abondamment, que le bruit n'y arrive pas, que le silence et le calme règnent aussi complets ou absolus que possible ; enfin, que la propreté ne laisse rien à désirer et que l'air soit toujours respirable, jamais chargé de ces émanations qui nuisent encore plus à la qualité des produits, viande et graisse, qu'aux fonctions respiratoires désormais réduites à leur plus simple expression, si je puis m'exprimer ainsi, en l'absence de mouvement et de toute cause d'excitation extérieure.

Le point de départ de tout procédé quelconque d'engraissement de l'oie dans les contrées où il devient une industrie spéciale, c'est la séquestration. Celle-ci a ses degrés ; je viens de montrer le premier. En montant l'échelle, j'arriverai à quelque chose de plus sévère et jusqu'à l'emprisonnement cellulaire, jusqu'à la claustration en un lieu obscur, silencieux, sépulcral en quelque sorte, où n'arrive plus aucun des bruits de ce monde. Et la chose est si terrible en soi, qu'elle a eu sa légende, qu'on l'a faite, la folle du logis aidant, bien plus sombre qu'elle n'est, qu'elle n'a jamais pu être en réalité.

« Quand on ne connaissait pas à fond, dit M. L. Loiseau, dans l'excellent *Journal de la Ferme*, publié sous l'intelligente et judicieuse direction de M. P. Joigneaux, « quand on ne connaissait pas à fond le fait scientifique de l'engraissement, le public s'imaginait que l'oie était soumise à une véritable torture. On parlait de pattes clouées sur les planches, d'yeux crevés ; les engraisseurs étaient des bourreaux, les oies des martyrs. Quel contre-sens scientifique ! Est-ce que les gens torturés engraissent ? Est-ce que la douleur mène à l'embonpoint ? Il est bien simple de préciser les faits.

« Les oies ne sont pas clouées, elles sont prisonniè-

res ; on ne leur crève pas les yeux, mais on les maintient dans une quasi-obscurité nécessaire à une digestion tranquille ; on leur épargne les émotions, on leur
refuse la promenade, parce que la frayeur et le mouvement distrairaient de sa destination la farine précieuse du maïs. »

Fig. 85. — Engraissement des oies à Strasbourg.

Ceci est le mode usité en Alsace, celui qui fait les
foies gras dits de Strasbourg. Les détails en sont con-
signés, dans la figure 85, dont l'arrangement est si
intelligible et si complet qu'il peut se passer de toute
explication écrite.

Mais il se fait d'autres engraissements que ceux du Midi ou de l'Alsace, et l'on y affecte un genre d'épinette dont il faut parler; celle-ci d'ailleurs n'est pas inconnue, il s'en faut, à Toulouse et à Strasbourg, ces deux grands centres de la production des foies gras, dont les procédés rayonnent au loin.

La figure 86 donne une idée très-nette de l'appareil

Fig. 86. — L'Epinette des oies.

dans lequel on met en cellules les oies à l'engrais. Cet appareil se compose ordinairement de douze petites loges en planches assez étroites pour empêcher les mouvements latéraux. Le dessus forme un plancher plein auquel on ne donne pas assez d'élévation pour que les bêtes puissent se tenir debout; on les contraint au repos en les obligeant à se tenir couchées à leur façon, c'est-à-dire appuyées sur le sol par toute la partie inférieure du corps. En avant, la cellule présente une ouverture suffisante pour le passage de la tête et du cou. C'est par là que les animaux viennent prendre la nourriture qui leur est servie dans des augettes portatives et offrant à chacun sa division. Le dessous est le plus souvent à claire-voie ; alors l'appareil est établi à une certaine élévation du sol qu'on recouvre de matières propres à absorber les excréments dont l'enlèvement devient très-facile ; ou bien il est plein, et, dans ce cas, les nettoyages se font par derrière, mais plus difficilement et avec quelque ennui pour les bêtes qui se salissent très-promptement ; elles ont néanmoins besoin de beaucoup de propreté. D'autres constructeurs font différemment ; ils laissent par derrière une petite ouverture sur laquelle les déjections tombent par le sol sans être retenues sur le plancher de la cellule.

Il est bien entendu que ces épinettes sont placées dans un lieu paisible et salubre, sombre ou même tout à fait obscur. Il ne faut pas surtout que les emprisonnés puissent entendre les cris assez perçants de leurs camarades restés en liberté. C'est là un point essentiel ; que rien ne les inquiète et ne vienne faire diversion à l'importante fonction qu'ils accomplissent et vers laquelle tout, sans exception, doit incessamment converger.

On raconte qu'en Pologne on place les oies qu'il s'agit d'engraisser dans des pots sans fond, en terre cuite,

et si à l'étroit qu'elles ne puissent en quelque sorte
bouger ; puis on placerait les oies mises en pots dans les
cages à engraissement, dans les épinettes. Elles y con-
tracteraient un tel embonpoint, qu'on serait obligé de
casser le contenant pour en retirer le contenu. Un proverbe, malhonnête ou véridique, c'est quelquefois
même chose, dit ceci en propres termes : a beau mentir qui vient de loin. J'ai peur qu'il soit parfaitemnt
applicable en l'espèce. A quoi bon les pots si l'usage
de l'épinette n'est pas inconnu? Les vases en terre
cuite, selon toute apparence, ne servent à l'oie qu'a-
près sa mort; lorsqu'on en fait des conserves.

L'opposé de ce mode exotique, c'est le parcage.

Un simple parc, dit M. Mariot-Didieux, dans un petit livre qui fait partie de la BIBLIOTHÈQUE DES PROFES-
SIONS INDUSTRIELLES ET AGRICOLES, — le *Guide pratique
de l'Éducation lucrative des oies et des canards*, « un parc,
établi sur un sol sec et à son niveau, proportionné au
nombre des têtes et qui puisse se nettoyer facilement:
tel est le logement simple qui leur convient. Ce parc
peut être établi à demeure, mais il est préférable qu'il
soit portatif comme le parc à moutons ou susceptible
d'être agrandi suivant les besoins. Un hangar peut être
transformé en logement ou tout autre lieu disponible.
Pendant l'été, le parc peut être installé dehors et
même sur des terres pour engraisser les bêtes à la
mode des moutons. Une bonne litière, souvent renouvelée, est dans la petite série des soins hygiéniques
indispensables à la santé et à la prospérité des éducations. » Dans ces conditions, il faut le reconnaître, la

qualité des plumes s'élève et devient tout à fait supérieure.

Je comprendrais l'établissement d'un petit parc fixe d'après les données suivantes : au centre, qui serait le point culminant de l'étendue du parc, s'élèverait un hangar rustique de forme circulaire, couvrant et protégeant une seconde enceinte murale, s'arrêtant à $0^m,50$ ou $0^m,60$ au-dessus du sol et présentant quatre lacunes ou passages. A partir de ce mur, jusqu'à la barrière délimitant le parc, le terrain irait en s'abaissant doucement pour se relever de même, de façon à offrir, en arrière des claies ou de la palissade fermant le parc, une petite bande de terre, surélevée et assez large pour que les bêtes puissent s'y tenir commodément. Elles seraient appelées à venir prendre place au pourtour à des heures choisies, celles d'une distribution de nourriture qui serait apportée exactement à la même heure ou aux mêmes heures du jour en raison des besoins. Cela laisse à supposer ce qui serait, à savoir, qu'en certains points du pourtour, la barrière présenterait de petites ouvertures étroites et hautes par lesquelles passeraient au dehors têtes et cous, et repasseraient facilement les mêmes régions quand le repas serait achevé. Entre les deux enceintes, on cultiverait de bonnes plantes qui seraient pâturées. Sous le hangar, on entretiendrait une litière propre. Enfin, un petit réservoir d'eau, s'il pouvait être formé en un point quelconque du terrain, compléterait le bien-être des animaux qu'on placerait dans ce petit établissement modèle.

18

V. — LA DEMEURE DU CANARD.

Pendant le jour et pendant la nuit. — Le rez-de-chaussée du canard. — Toujours des fautes contre l'hygiène. — Les instincts
de la pondeuse. — Les craintes de la couveuse. — L'emprisonnement.— « Cordon, s'il vous plaît. » — Les canards et l'eau. — Un
pont. — Pauvre invention. — Le caneton mouillé ne promet rien
de bon. — Le canard musqué. — A propos des perchoirs. — Édification du nid. — La cachette découverte. — Une précaution
nécessaire. — Les bassins à fleur de terre. — Liberté et prison.
— Les canards en bateaux. — Une installation maritime. — Un
entre-sol. — Les demi-sauvages. — Les huttes.

Le sujet s'épuise. J'ai dit tant de fois déjà le besoin
d'espace, de salubrité, d'air pur, de propreté, et je
l'ai dit si diversement qu'il me devient difficile de trouver une nouvelle formule. A quoi bon essayer? La
chose étant même, il me suffit sans doute de constater
qu'elle est telle et de renvoyer aux principes précédemment établis. Le canard n'est pas une exception
dans la nature; il a besoin, à l'état domestique, d'une
demeure dans laquelle il puisse passer commodément
la nuit, car il ne la fréquente guère pendant le jour,
occupé qu'il est à chercher sa vie, à barboter dans
l'eau s'il en a. Cet éloignement du logis serait peut-
être moins prononcé si le logis était plus agréable, si
la maison n'était pas autant dépourvue de propreté.

C'est une supposition ; mais la supposition n'ôte rien à la réalité. Or, la réalité, c'est la nécessité d'un refuge pour la nuit ; la nuit ! mais c'est la moitié de l'existence qui s'écoule tandis qu'elle règne. Voyons donc comment on peut loger convenablement les canards.

A l'habitude, on les renferme en commun, au rez-de-chaussée de quelque bâtiment de la basse-cour, sous le poulailler, par exemple, comme les oies. Mais on tient ce rez-de-chaussée trop bas sous plafond ; on n'en élève pas assez l'aire au-dessus du sol ; on prête peu d'attention à cette aire elle-même, que l'humidité et la malpropreté pénètrent et qui se dégrade promptement ; on ne prend aucune précaution pour assurer le renouvellement de l'atmosphère intérieure, car il n'y a ni fenêtres, ni tuyaux de drainage, alors cette prétendue maison devient un cloaque où les animaux séjournent par nécessité, faute d'autre, mais où ils sont aussi mal qu'on puisse l'imaginer. Enfin, cela complétera le tableau, aux dimensions insuffisantes sous plafond s'ajoute le plus ordinairement l'encombrement. Où l'on compte 1 mètre carré pour huit animaux de moyenne grandeur, on croit avoir été très-large dans ses mesures ; je veux bien, mais qu'on ne se montre pas plus avare et surtout que cette dimension superficielle se trouve convenablement accrue par l'élévation de la chambre et par des moyens d'aération efficaces.

En énumérant les insuffisances et les défauts de cette espèce de trou où on loge habituellement les canards, j'ai dit les bonnes conditions de son habitation. Si cette dernière était ce qu'elle doit être, on pourrait sans doute y avoir un petit compartiment spécial pour les femelles qu'on destine à l'incubation : à l'état de nature, la cane se livre régulièrement et avec bonheur à cette fonction qu'a désapprise la cane domestique. Pour moi, je n'hésite pas à dire que l'éloignement de cette dernière pour ce grand acte lui est suggéré par la crainte de ne pouvoir le mener à bien. Elle ne voit rien autour d'elle qui l'invite, rien surtout qui lui assure le succès. Aussi a-t-on l'habitude de confier ses propres œufs à la dindonne ou à la poule. Si elle ne va pas toujours volontiers à son logis pour pondre, c'est qu'elle ne s'y trouve pas bien ; elle cherche un autre coin plutôt, et, si elle n'en rencontre point à sa convenance, elle pond au premier endroit venu, je m'exprime mal, elle laisse tomber l'œuf, parvenu à sa maturité, où elle est au moment même qu'il s'échappe, voire dans les eaux qu'elle fréquente, sans autre souci de son avenir, c'est là pour elle, n'en doutez pas, une pénible extrémité ; car, lorsqu'elle croit avoir fait une bonne découverte, elle utilise le produit de l'ovaire, qui est le fruit de ses entrailles : alors on la voit se retirer en un coin isolé, solitaire, paisible, y creuser un nid qu'elle garnit de brindilles et d'herbes sèches, puis y pondre de deux jours l'un, ou même tous les jours, si rien ne la dérange.

L'observateur trouve dans cette manière de faire une précieuse indication, mais les observateurs sont rares et l'indication donnée est rarement un enseignement profitable. Cependant, il n'a pas échappé à la ménagère que la ponte a le plus fréquemment lieu dans la matinée. Or, pour ne pas perdre les œufs de ses canes, elle les tâte avant de leur donner la liberté, pour les retenir prisonnières et les forcer à pondre chez elles, ou bien, pendant toute la saison de la ponte, c'est-à-dire de février en mai et même en juin, elle ne les laisse aller que de neuf à dix heures du matin. Cette réclusion forcée n'est pas précisément de leur goût, car tous les oiseaux aiment à voir lever l'aurore ; mais contre la force il n'y a pas de résistance : la porte restant close, il n'y a pas moyen de sortir sans la permission du geôlier. La pauvre bête se rattrappe comme elle peut et se couche plus tard qu'elle ne ferait si on ne changeait pas ses habitudes matinales.

On pourrait tout concilier, ce me semble, si, en avant de l'habitation, on établissait un petit parc dans lequel le troupeau ferait une première station en prenant son premier déjeuner. La porte du logis restant ouverte et le logis étant propre, la pondeuse irait y déposer son précieux fardeau sans avoir souffert d'une réclusion injuste.

Le canard aime l'eau ; c'est en quelque sorte son élément, personne ne l'ignore. Elle lui est profitable à divers points de vue ; il y trouve des aliments qui ne coûtent rien à l'éducateur, et qui varient utilement sa nourriture. Eh bien, il ne paraît pas qu'il se trouve mal d'en être privé, car j'en ai vu élever en terrain sec et jusque dans un grenier où ils réussissaient à souhait. C'est une espèce commode en vérité.

18.

Cependant, on fait bien de leur en donner artificiellement lorsqu'on n'a pas à portée des lieux qu'ils parcourent un ruisseau, une mare, un réservoir quelconque.

« Pour empêcher, dit M. Bouchard-Huzard, d'autres oiseaux de pénétrer dans l'endroit où sont réunis les canards, on établit quelquefois, devant le guichet qui sert à leur entrée spéciale, un petit bassin qu'on remplit d'eau. Un seuil placé en guise de palier, avec planche inclinée pour aider à l'ascension des canards, est réservé entre le guichet et le bassin ; il ne faut pas que le palier soit assez grand pour que les poules puissent essayer de s'y poser en volant. »

J'aime peu cette invention. Elle donnera de l'humidité à l'aire de l'habitation, elle mouillera en partie sinon en totalité la litière et nos animaux seront mal tout en essuyant les effets de l'insalubrité résultant de l'humidité. Chose étrange, pourra-t-on dire ! Le canard passe bénévolement, naturellement, moitié de son existence à batifoler, à muser en pleine eau, dans les mares les moins limpides, et vous redoutez pour lui l'influence de quelques gouttes d'eau qu'il pourra apporter lui-même dans sa demeure. Oui, et j'ai raison. Autre chose est la vie dans l'eau, autre chose le séjour prolongé dans un lieu simplement humide. Les plumes sont couvertes ou pénétrées d'une matière qui protègent le corps et empêchent que l'eau puisse lui nuire ; rien ne saurait défendre les organes contre l'action nuisible d'une atmosphère imprégnée d'humidité. L'effet est particulièrement sensible, accentué

chez tous les petits. « Un caneton mouillé par la pluie
ou par toute autre cause, dit madame Cora Millet,
dans les huit ou dix premiers jours de sa vie, court
grand risque de périr; mais il peut impunément
s'ébattre dans une pièce où un cours d'eau. »

Il n'y a dans la chambre aux canards aucun aménagement quelconque. Le perchoir n'y serait pas plus
utile que chez les oies, à moins qu'on ait affaire à des
canards musqués qui vont peu à l'eau et se perchent
volontiers. Dans ce cas, on meublerait la demeure d'un
perchoir plat afin de prévenir les vices de conformation que provoque l'usage prolongé du perchoir à
barreaux étroits. En l'état de nature, les oiseaux n'ont
pas de perchoir large à leur disposition et leur poitrine
n'est pas défectueuse; il m'est facile d'entendre cette
objection. A cela je réponds sans beaucoup d'embarras : 1° les oiseaux ne se perchent pas au hasard ;
ils choisissent la branche d'arbre qu'ils vont occuper,
sur laquelle ils vont dormir, et ils la choisissent avec
intelligence, de façon à s'y trouver commodément, à
y avoir toutes leurs aises ; 2° ils ont le vol, l'action
musculaire active et répétée, pour corriger les effets
contraires d'une position qui n'aurait pas été momen-
tanément des plus favorables.

Quant au pondoir, il y a peu à y mettre la main,
la cane aime à faire elle-même son nid soit pour déposer son œuf, soit pour couver. Elle le construira donc
elle-même dans une pièce solitaire, où rien ne la mena-
cera, où elle se trouvera à l'abri de toute crainte, en
pleine sécurité. Il suffira de mettre à sa portée les

matériaux nécessaires à son édification. On pourrait peut-être la favoriser dans ses goûts, dans sa recherche et dans son travail. Étant donné un lieu bien choisi, convenable à tous égards, on pourrait pratiquer contre un mur une sorte d'excavation plus étendue que profonde dont le fond serait garni de brindilles très-flexibles, mais sèches. On placerait à côté de la belle paille, fine, sèche, divisée par deux ou par trois dans sa longueur, et puis on laisserait faire. On pourrait encore apporter dans la pièce quelques plumes ramassées par-ci par-là, et on les verrait bientôt employées. Le nid serait promptement bâti et la cane s'y trouverait agréablement si, une fois posée, elle se sentait à fleur de terre ou même un peu au-dessous du niveau du sol. Cela veut dire que la terre enlevée pour creuser l'excavation serait admirablement placée en avant de manière à lui faire comme une petite cache.

Cela étant, il n'y a plus qu'à lui apporter avec précaution, une fois par jour, la nourriture et l'eau dont elle a besoin pendant toute la durée de l'incubation.

Quand on n'a pas su prendre ses précautions, observer et prévoir, la cane fausse compagnie à la ménagère. Elle s'écarte mystérieusement et s'installe de son mieux en un coin retiré si le désir de la maternité l'emporte sur sa répugnance à couver dans des conditions plus ou moins précaires ; alors on cherhe le nid, car on voudrait bien ne pas perdre la couvée : avec un peu d'intelligence, on arrive à ses fins et l'on est tout fier de la bienheureuse découverte. Il ne faut pas y

toucher sous peine de le voir abandonner immédiatement. Mais on profite d'une absence de la future
maman qui se lève pour aller manger et on pose adroi-
tement au-dessus du nid, sans le déranger en quoi que
ce soit, sans gêner en rien non plus l'entrée habituelle,
un objet protecteur quelconque, soit une mue qui
ajoute à la sécurité de la couveuse et défend plus
complétement la couvée contre une attaque possible
des chiens, par exemple.

C'est là tout ce que, en pareille occurrence, on peut
pour garantir un nid plus ou moins exposé aux éven-
tualités du dehors. Il est mieux à coup sûr de solliciter
les couveuses à ne pas s'éloigner et de faire en sorte
qu'elles adoptent un coin dans un couvoir bien préparé ; c'est moins trompeur.

On élève souvent des canards loin de toute pièce
d'eau. On supplée à cette privation en enterrant à fleur
de terre un baquet, un fond de tonneau.... Une
planche plonge par un bout dans ce petit bassin impro-
visé, et, par l'autre extrémité, touche le bord. C'est une
manière de pont, un chemin facile plutôt, qu'emprun-
tent les animaux pour venir se laver et pour sortir du
bain.

Quant à l'habitation du canard à l'engrais, elle n'a
rien de spécial après ce qui a été dit de l'engraissement de l'oie. Ce sont les mêmes exigences et les
mêmes procédés.

En effet, l'engraissement se fait, les animaux restant
libres ou séquestrés. Chacun opère à sa convenance.

Les animaux qu'on retient prisonniers pour les pousser

plus loin, pour les avoir plus gras, doivent être placés dans un lieu assombri, à température moyenne, où les bruits du dehors pénètrent peu, ceux surtout des compagnons de la basse-cour encore libres. Une grande propreté et de l'air pur ne sont pas moins nécessaires ici qu'ailleurs. On obéit assez volontiers à la première recommandation. Je vois qu'on renouvelle très-convenablement la litière des canards à l'engrais. Ce n'est pas trop, il faut le dire, pour entourer les animaux d'un bien-être plus complet ; c'est particulièrement en vue de conserver aux plumes leur beauté et leur qualité, car la récolte et la vente sont prochaines. Qu'importe le motif, après tout? La chose est ; je m'en contente.

Dans un livre que j'ai déjà cité, M. Mariot-Didieux parle de l'éducation du canard en bateaux. Ceci n'est pas iroquois, mais chinois. Il y a du bon en Chine et l'industrie de l'élevage de cet oiseau y prospère. On l'a implantée jusque sur les jonques ; les animaux y ont leur habitation dans laquelle les femelles pondent et couvent, on les envoie en expurgateurs sur les bords des rivières et des canaux, en consommateurs dans les prairies qui poussent au delà ; mais ils reviennent, à un signal donné, reprendre gîte sur la maison flottante.

Les jonques à canards mesurent 15 mètres environ de longueur. C'est à l'arrière qu'ils sont logés dans une immense cage en bambou, couverte en paille de riz. On les trouve là en populations considérables et heureuses ; car on en compte parfois plus de deux mille sur une jonque. Il est bien entendu que ces grands bateaux vont sur l'eau; ils vont et viennent, descendent, séjournent ou remontent en raison des ressources alimentaires fournies par les rives au bétail.

M. Mariot-Didieux se demande pourquoi, dans les localités de France où ce mode d'élevage aurait sa raison d'être, on ne l'a pas encore imité. Parce que ce n'est pas la coutume, pourrais-je dire. Une pareille innovation, si simple qu'elle paraisse en soi, n'est pas une petite affaire lorsqu'elle a contre elle le manque absolu d'initiative et la force qu'on nomme inertie.

J'ai dit un mot du poulailler ambulant ou roulant, on y a mis des canards en compagnie des poules, ou dans un compartiment inférieur qu'on pourrait appeler l'entre-sol; ils y ont admirablement réussi.

On fait, en France, sur de petites pièces d'eau enfermées dans des parcs, des éducations de canards sauvages qui fournissent à l'alimentation des maîtres un gibier de haut goût et de prise facile. On établit à leur usage, sur les bords de la pièce d'eau ou dans une île centrale, de petites huttes, des espèces de cabanes dont ils se servent plus ou moins. Les femelles y organisent assez volontiers leur nid, y pondent et y couvent sans aucune intervention quelconque.

Les bords de la pièce d'eau, la surface de l'île, cela va de soi, sont en gazon et fournissent leur contingent de nourriture aux grands et aux petits.

Ces éducations réussissent à merveille. Marchant de front avec celle de la basse-cour, elles permettent aux gourmets et aux gourmands d'établir un facile parallèle entre la chair des uns et des autres ; il serait oiseux de dire au profit desquels.

Les huttes en paille, qu'il faut considérer comme des couvoirs plutôt que comme des habitations, se font en belle paille de seigle ou en roseaux ; elles doivent être assez solides pour que les coups de vent ne les renversent pas. Chaque année, au printemps, on les visite et l'on y fait toutes les réparations devenues nécessaires. Destinées à abriter les couveuses, il faut qu'elles les abritent complétement et que pas une seule goutte de pluie ne puisse passer à travers.

On les pose pittoresquement en groupes variés, ici et là, sur un ou plusieurs rangs, capricieusement en apparence, mais avec plus d'art que de désordre toutefois, et l'on bâtit de la sorte une petite ville aux rues sinueuses dont la vue ne manque pas tout à fait d'agrément.

F — LE COLOMBIER ET LA VOLIÈRE.

Pauvreté et richesse de la langue. — Les synonymes. — Une distinction lumineuse. — Les contradictions expliquées. — Les sauvages et les civilisés. — Les colombiers s'en vont. — Les volières se multiplient. — La loi féodale. — Construction du colombier à pied. — Les fantaisies du pigeon. — Les volières de l'époque. — Les *desiderata.* — L'amour du pigeon. — Ses besoins et ses goûts. — Conseils à suivre. — La forme ronde. — Ses avantages. — Les détails d'une installation modèle. — Les dehors. — Le dessus. — Le dedans. — Les boulins. — Une dissertation à.l'occasion des nids. — Les meubles meublants. — L'échelle tournante. — L'abreuvoir. — La trémie à compartiments. — L'épuisette. — Les ustensiles d'aération. — L'appareilloir. — Les célibataires et les veufs. — Les coquetteries de Colombine. — La chair est prompte et l'esprit est faible.

S'il n'y a pas au dictionnaire d'appellations spéciales pour la demeure du dindon, qui pourrait être la dindonnière, pour celles de l'oie et du canard auxquelles il n'aurait pas été impossible d'en trouver, les mots ne manquent pas pour désigner celle du pigeon, nommée colombier, pigeonnier, fuie ou volière.

De ses diverses dénominations, j'en retiens deux, celles qui forment la tête de ce chapitre, parce qu'elles semblent désigner deux variétés dans l'espèce : la première emporte l'idée d'une grande population et s'attache à une construction indépendante; l'autre s'applique plutôt à l'entretien d'un nombre moins considé-

19

rable de couples dont la domesticité est beaucoup plus étroite.

Cette distinction me remet en mémoire l'incertitude qui règne en un point dans la pensée de quelques-uns, à savoir : s'il y a avantage ou inconvénient à placer le colombier à proximité de la basse-cour ou à l'éloigner, au contraire, des autres bâtiments qui lui sont propres ? Les deux opinions se défendent et se combattent par des raisons semblables. Les pigeons aiment la tranquillité, disent ceux-ci, et se trouvent bien de demeurer à l'écart, hors de la portée des bruits, du remue-ménage habituel de la ferme ou de l'animation ordinaire d'une grande maison. Un colombier nécessite des soins journaliers et une fréquentation rapprochée, disent les autres, il faut donc le placer en quelque sorte sous la main de la ménagère ou de la fille de basse-cour.

Concilions ces deux opinions. Peuplé de races plus sauvages que domestiques, le colombier sera mieux loin du bruit, du mouvement, du va-et-vient incessant des basses-cours ; la volière, habitée par des races plus familières, plus exigeantes aussi sous le rapport des soins spéciaux qu'elles payent par un rendement très-supérieur, sera plus à sa place et selon les convenances générales et particulières, dans la maison même, si je puis dire, ou tout au moins à la portée de ceux qui doivent les gouverner et les exploiter à la fois. En cela, les instincts et les besoins de l'oiseau, la commodité et l'intérêt de l'éleveur guident et commandent.

La distinction que je viens d'établir, laquelle n'avait

pas encore été faite, arrive un peu tard. Les colombiers s'en vont ; il en reste peu et je ne vois pas qu'il
s'en reconstruise. Contemporains des temps féodaux,
ils ont survécu à la féodalité ; mais la division de la
propriété et l'agriculture nouvelle leur étant peu favorables, ils disparaissent sans retour, selon toute apparence, et déjà M. Bouchard-Huzard a pu écrire, il y a
quelques années : L'élevage en grand des pigeons est
aujourd'hui abandonné dans les exploitations rurales.

Il n'entre pas dans mon sujet d'analyser le fait, d'en
rechercher les causes et d'en apprécier les résultats.
Je dois me borner à parler de la maison même du pigeon, du colombier.

a. La loi féodale désignait cette demeure, spéciale
aux pigeons fuyards, sous le nom de colombier à
pied. Celui-ci était en maçonnerie.

« Les colombiers de pied, dit M. Bouchard, consistent en de vastes locaux, le plus souvent circulaires,
autour desquels sont établis des nids qu'on nomme
boulins ; au milieu une échelle tournant sur des pivots
permet de les visiter. Ces nids se font soit en maçonnerie (de briques minces et plâtre de préférence), soit
en planches, soit avec des paniers comme ceux des
poulaillers ; ils ont environ $0^m,20$ en tous sens, et le
rang inférieur est élevé de 1 mètre au-dessus du pavage. Ce pavage doit être solidement établi, pour in-
terdire l'accès intérieur aux rats, très-avides de la
chair des jeunes pigeons ; on scelle quelquefois le pavage avec de bon mortier de chaux mêlé de verre
concassé ; le bas des murs peut être enduit avec un

pareil mélange. Le colombier doit avoir des croisées ouvertes en plein midi; il sera bon de l'aérer par des ventouses. Les croisées sont fermées par des planches percées de trous de la grosseur exacte du corps du pigeon, pour empêcher les gros oiseaux de proie de s'introduire à l'intérieur. Devant elles est une planche de 0^m,30 à 0^m,40 de longueur, sur laquelle les pigeons se posent en commençant ou en finissant leur vol. Une corniche sera établie à l'entour dans le même but; le dessous sera garni en tuiles vernissées et les enduits seront bien lissés pour arrêter les fouines et autres ennemis des pigeons. Enfin le toit sera plafonné en dessous; il ne doit pas s'y trouver d'intervalles permettant l'introduction des moineaux qui inquiètent et affament même les pigeons.

Cette dernière remarque s'applique aux pigeons de volière dont les moineaux viennent souvent partager la pitance, elle reste étrangère aux colombins qu'on ne nourrit pas, auxquels on ne fait aucune distribution d'aliments. En effet, ces oiseaux demi-domestiques seulement, comme les canards sauvages dont je parlais un peu plus haut, sont bien plus nos hôtes que nos esclaves. Ils ne viennent dans le colombier édifié, préparé à leur intention, qu'autant qu'ils s'y trouvent heureux. A la moindre gêne, au moindre déplaisir, à la moindre déplaisance, ils quittent le pigeonnier et vont chercher asile ailleurs, celui-ci dût-il être et moins agréable et moins confortable. Donc, à bon entendeur salut. Et lorsque tout aura été disposé pour le mieux, on ne sera encore sûr de rien. Le pigeon fuyard est l'enfant de la nature. Un rien lui rappelle l'indépendance et la vie des airs; le moindre caprice le rend à la liberté la plus absolue; mais pour un qui part sans savoir s'il rentrera jamais, deux peuvent venir et demeurer. Il faut donc soigneusement tenir et entretenir le colombier de pied, si l'on veut qu'il rende quelque chose en retour de ses frais d'installation et d'appropriement , les seuls qu'il comporte puisque ses habitants passagers ou sédentaires vivent de leur propre industrie.

b. La volière, qui prend aujourd'hui la dénomination plus générale de pigeonnier, est le colombier des pigeons privés, des races plus complétement domestiquées et qui ont un réel besoin de l'homme près duquel elles habitent sans la moindre velléité de reconquérir l'état de nature, la vie sauvage. A celles-ci il faut donner le nécessaire et entre autres une demeure convenable. On ne le fait guère. Je ne vois pas que cette multitude de volières de toutes dimensions, mais plutôt petites que grandes, soient tenues en vue de la plus grande satisfaction de leurs habitants. J'aurais ici tout autant à blâmer qu'ailleurs : la malpropreté surtout est le régime habituel des petites demeures de nos pigeons, et la vermine qui les a toutes envahies fait sa proie de pauvres oiseaux dont la destinée devrait être tout autre auprès de nous.

La volière en miniature, celle qui ne peut contenir que quelques couples, s'établit au-dessus d'un bâtiment quelconque de la basse-cour. C'est une pièce plus ou moins vaste, plus ou moins haute, pourvue d'une porte de service se fermant avec un verrou. A l'intérieur, on accroche au mur les boulins. Ce sont assez généralement alors des boîtes en bois avec un

Fig. 87. — Coupe longitudinale d'une petite volière adossée à un poulailler.

trou correspondant au dehors devant lequel est une planche en guise de palier. On donne à la boîte 0^m,30

Fig. 88. — Pignon d'un bâtiment servant de volière et de poulailler.

de côté environ, et on la complète par un petit auget dans lequel on dépose les grains pour la nourriture. Les figures 87 et 88 me dispensent d'entrer dans de plus longs détails sur les petites installations. La première montre une coupe longitudinale d'une volière adossée à un poulailler, et l'autre une élévation du pignon du bâtiment à deux fins.

Mais ces données seraient insuffisantes. Je dois donc devenir plus explicite sous peine de rester incomplet. L'Institut agricole, fondé à Beauvais par les frères de l'École chrétienne, aime les pigeons et se livre avec une rare intelligence à leur éducation. C'est le frère Agoard, l'un des professeurs de ce bel établissement, qui a reçu la direction de la volière, et sous sa main expérimentée elle prospère. Voilà comment il entend qu'elle soit posée et disposée, deux choses d'égale importance.

« Étant destinée à loger des pigeons beaucoup plus apprivoisés que ceux qui peuplent les colombiers, la volière doit être placée dans un endroit sec, à l'abri des grands vents, au midi et au soleil levant, de manière que les oiseaux reçoivent les premiers rayons du soleil aussitôt qu'il paraît à l'horizon. Cependant, si elle devait avoir peu d'étendue, une exposition moyenne serait préférable, car une chaleur trop vive incommode les pigeons et favorise la pullulation des mites, qui nuisent considérablement aux jeunes.

« Bien que la volière doive être plutôt obscure que claire, les oiseaux qui l'habitent ont besoin d'air, de lumière et d'espace; on doit donc ménager des ouvertures qui seront fermées lors des grands froids par des châssis vitrés, laissant passer des rayons lumineux.

« Pour que les pigeons affectionnent leur demeure,

il faut qu'elle soit extrêmement propre, surtout si elle est exposée au midi. Les murs doivent être crépis et blanchis à la chaux vive afin d'éviter les cavités qui peuvent recéler les mites. Le plancher devra être recouvert d'une couche de sable de 0ᵐ,06 environ ; la fiente, s'y desséchant facilement, pourra être enlevée au moyen d'un râteau à dents fines et rapprochées: L'intérieur de la volière doit être garni de cases pour que les pigeons puissent facilement faire leurs nids.

« La méthode la plus simple comme la plus avantageuse consiste à placer dans le sens de la longueur, les unes au-dessus des autres, à 0ᵐ,40 de distance, des planches de 0ᵐ,55 de largeur. Des planchettes, distancées les unes des autres de 1 mètre à 1ᵐ,20, établissent des séparations et forment ainsi des cases isolées les unes des autres. L'intérieur de chaque case est garni d'un nid en plâtre ou en terre cuite vernissée, qu'on a soin de laver à chaque ponte nouvelle.

« La volière ainsi disposée a l'avantage que chaque couple de pigeons est isolé et logé chez lui, sans courir les risques d'être dérangé par les autres.

« Aux deux extrémités de la volière, on ménage des compartiments plus espacés, servant d'appareilloirs, ou pour renfermer des oiseaux nouveaux. Si, dans les environs de l'habitation des pigeons, il n'y a ni mare d'eau ni fontaine, on place dans l'intérieur de la volière un vase qui contiendra toujours une eau d'autant plus fraîche que les pigeons ne boivent pas comme les poules en renversant la tête, mais qu'ils aspirent tout d'un trait comme les vaches et les moutons.

« On peut se servir très-avantageusement des abreuvoirs siphoïdes en zinc ou en terre dans lesquels l'eau reste propre, parce qu'elle vient remplacer, au fur et à mesure qu'elle est bue, l'eau qui est dans un petit récipient demi-circulaire soudé au bas de l'abreuvoir.

« Non-seulement les pigeons ont besoin d'eau pour se désaltérer, mais encore pour entretenir leur propreté ; ils ne manquent pas d'aller se baigner lorsqu'ils trouvent l'occasion de le faire avec commodité, surtout dans les grandes chaleurs, pour se débarrasser de ces insectes parasites qui les incommodent très-souvent. On pourra leur ménager cette facilité au moyen d'un vase de forme circulaire pouvant avoir $0^m,80$ de diamètre sur $0^m,05$ de profondeur ; ce bassin pourrait être placé dans la volière afin que les pigeons de grosse espèce ayant les plumes chargées d'eau puissent se sécher sans courir le danger d'être attaqués par les animaux malfaisants.

« Il est bon de mettre aussi, dans la volière ou dans le voisinage, un peu de paille hachée, afin que les pigeons puissent trouver facilement les matériaux pour faire un nid à leur famille.

« Il arrive parfois que les pigeons pondent leurs œufs sur le sable de la volière et qu'ils se cassent ; on y remédiera en plaçant soi-même de la paille dans le nid, et si l'un des œufs se trouvait béché avant que l'incubation fût complète, on pourrait encore le conserver en prenant la précaution de coller à l'endroit même un peu de papier gélatiné.

« Il arrive aussi quelquefois qu'il y a trop de bû-

19.

chettes dans un nid et que les œufs, ne pouvant y trouver place, roulent dehors au départ précipité de l'oiseau ; dans ce cas, on diminuera un peu le nid, ou bien on remplace les bûchettes par une poignée de paille ou de foin. »

Les bûchettes dont il est question ici sont des brindilles flexibles, apportées avec zèle par le mâle et arrangées avec plus ou moins d'art par la femelle qui construit elle-même le nid en entremêlant ces menues branches avec les fétus de paille dont elle peut disposer.

A ces détails je crois devoir ajouter d'autres renseignements.

On se trouvera bien d'adopter la forme ronde, employée autrefois dans la construction des colombiers à pied. Elle a été recommandée à juste titre par madame Cora Millet. Elle me paraît préférable sous plusieurs rapports, dit-elle. En effet, elle rend plus faciles la visite des nids, leur surveillance, leur exploitation ; elle est convenable aussi à la disposition des boulins, en permettant de rétrécir leur entrée, mode favorable à la couveuse qui a souvent à se défendre contre des tentatives de dépossession. Il n'y a pas que de bons sentiments au monde, et messieurs les pigeons essayent parfois de la loi du plus fort. En faisant les nids en conséquence, on prête un appui nécessaire au bon droit et l'on prévient des dérangements nuisibles au succès de beaucoup de couvées.

La forme ronde enfin présente encore un avantage précieux ; elle rend plus malaisé l'accès de l'intérieur aux rats, vilaines bêtes qui s'essayent volontiers, non toujours infructueusement, à grimper par les angles des bâtiments carrés ; efforts complétement stériles, velléité tout à fait impuissante lorsque le constructeur a eu la sagesse de prévoir le cas et de bâtir circulairement.

Du reste, quelle que soit la forme extérieure de la volière ou du colombier, comme on voudra l'appeler désormais, il doit régner dans tout le pourtour ou sur les faces libres une corniche de $0^m,25$ de saillie. C'est un nouvel obstacle aux incursions des méchants, aux invasions des ennemis du dehors lesquels n'ont pas, heureusement pour les pigeons, la faculté de se soutenir dans une position renversée ; c'est aussi une galerie où l'oiseau, en pleine sécurité, s'abat et prend pied avant de rentrer de ces courses fréquentes, où il se promène et cause, où il prend l'air et se réchauffe au soleil, où il stationne aussi et se consulte avant de partir dans une direction ou suivant une autre. L'utilité de la galerie est donc bien démontrée. Elle ne constituera pas un hors-d'œuvre ; elle est d'une nécessité absolue. Une autre chose, indispensable aussi et qui n'est point affaire de luxe, comme on pourrait croire, c'est que le mur extérieur soit toujours bien crépi, uni, lisse et d'un beau blanc de chaux. A cela deux avantages : premièrement, les insectes nuisibles trouveront moins facilement asile agréable et convenable ; secondement les jeunes couples, ceux qui ne sont pas encore par privilége d'âge les routiniers de la maison, distingueront mieux de loin le point vers lequel ils

doivent revenir après des absences plus ou moins pro-
longées. Les jeunes têtes ont parfois besoin qu'on les
aide à se souvenir.

Les pigeons n'aimeraient pas à loger au rez-de-
chaussée; le moins qu'on puisse leur accorder, c'est
la hauteur du premier étage ; que l'aire du colombier
ne descende donc pas au-dessous de $2^m,50$ à 3 mètres,
à partir du sol de la cour, et que l'ouverture commune par laquelle les oiseaux doivent entrer et sortir
soit pratiquée à 4 ou 5 mètres au-dessus du même
niveau. Dans les contrées froides, elle sera à l'exposition du midi ; elle fera face au levant dans les régions
chaudes. En avant, on pose une planche en saillie,
ou plutôt se trouve la corniche de pourtour. La porte
est munie d'une trappe à coulisses, pleine en hiver,
grillagée en été, et fermant bien au moyen d'une poulie et d'une corde dont la manœuvre est facile. Quand
je dis fermant bien, c'est qu'on peut aussi l'ouvrir
avec la même facilité, deux opérations un peu négligées. On établit la trappe et on ne s'en sert pas.
C'est un tort. Un proverbe dit : Il faut qu'une porte
soit ouverte ou fermée; l'hygiène formule une recommandation plus expresse lorsqu'elle dit : Ouvrez et
fermez les portes dès que leur ouverture ou leur occlusion devient nécessaire, sans vous lasser de le faire
aussi souvent qu'il en est besoin. Si la trappe devait
rester toujours haute, soulevée au-dessus de l'ouverture qu'elle est destinée à clore, pendant la nuit, je
ne dirais pas : au lieu d'une, il en faut deux, — une pour
la belle saison et l'autre pour les gros temps.

Avant d'entrer, un mot sur la couverture du bâtiment. Que le toit présente une inclinaison favorable
au rapide écoulement des eaux pluviales et à l'entraî-
nement de la fiente des pigeons, mais que sa pente
ne soit pas si roide que l'oiseau ne puisse s'y promener qu'avec difficulté. Voilà qui doit faire préférer à
toute autre matière appropriée la couverture en tuiles ;
mais celles-ci doivent être bien jointes et solidement
fixées pour n'être pas dérangées par le piétinement
continuel et lourd du pigeon.

J'arrive à l'intérieur. Et d'abord les murs. Ils ne
seront ni moins lisses, ni moins bien crépis, ni moins
propres que ceux du dehors. L'aire sera carrelée avec
un grand soin, non planchéiée. Elle présentera ainsi plus
de résistance aux tentatives des rongeurs et sera bien
plus aisée à nettoyer, à tenir en l'état d'extrême propreté que je recommande. Mais le carrelage est froid.
On le recouvrira d'une couche de sable et, par-dessus,
on étendra de bonne paille qui, advenant les culbutes
des nids à terre, de la part des petits avant que leur
éducation soit faite et leurs forces venues, prévienne
les blessures, les tournioles et la goutte, toutes choses
contraires à la réussite des couvées.

Le frère Agoard a dit un peu plus haut comment
doivent être faits et posés les nids, qu'on nomme encore boulins lorsqu'ils résultent d'une sorte de trou
pratiqué en retraite dans l'épaisseur du mur. On en
proportionne le nombre à celui des habitants que peut
utilement contenir le local en comptant trois nids
pour deux couples. Cette proportion est modeste, il

serait beaucoup mieux de donner deux nids à chaque paire, car la ponte revient plus régulièrement et à de plus courts intervalles lorsqu'après les soins indispensables à la progéniture, la mère peut aller se poser à côté, dans un autre nid, et songer encore à sa fécondité sans être retenue, plus que de raison, par les soucis de la maternité. Quand les choses sont ainsi arrangées, les petits restent moins longtemps enfants et apprennent plus vite à se passer des parents. De leur côté, ceux-ci les oublient plus facilement et travaillent avec plus d'ardeur dans l'intérêt d'une multiplication lucrative.

Comme pour les poulaillers, je repousse les nids en osier où pullule la vermine, mais je ne redoute pas ceux en planches dont le nettoyage est plus aisé. Au surplus, les planches pourraient être insecticides, et d'ailleurs elles ne servent qu'à porter les nids en terre cuite dont il a été parlé. Au bord de chacun, on ménage une marchette de 0^m,10 à 0^m,15 de saillie. On pose plusieurs rangs de nids au-dessus les uns des autres, en les plaçant en échiquier et, dans la construction de tous, revient invariablement la petite marche ou saillie. Grâce à cette disposition, le nid inférieur est préservé des ordures qui pourraient descendre du rang supérieur; et les jeunes, lorsqu'ils s'essayent à sortir de leur berceau, trouvent un premier promenoir qui les initie à l'usage de la liberté ou plutôt du libre arbitre. On évite ainsi beaucoup de chutes plus ou moins dangereuses, et l'on offre, par surcroît, au mâle une place commode pour demeurer près de sa femelle, pour l'encourager, la désennuyer ou la défendre pendant l'incubation.

Le rang de nids le plus élevé est tenu à 0^m,60 du toit pour le moins. Il est surmonté d'une corniche qui s'étend dans tout le pourtour intérieur. Celle-ci est une sorte de préau intérieur, une salle de conversation, un point où l'on vient s'ébattre et roucouler dans ces longs jours de pluie et de tristesse durant lesquels l'intempérie consigne les plus impatients au logis.

Les meubles meublants du colombier doivent être convenablement faits.

Je commence par l'échelle tournante qui donne tant de facilités pour arriver au nid. J'en emprunte la description à madame Cora Millet. J'aurais pu paraphraser ce qu'elle a écrit sur ce thème sans faire mieux. Il est de meilleur goût d'agir comme je le dis. Donc, je la copie purement et simplement.

« Une échelle tournante, dit-elle, est extrêmement commode pour faciliter la visite et le nettoiement des nids, ainsi que l'enlèvement des pigeonneaux bons à être mangés ; elle permet de faire cette visite sans bruit et sans le mouvement qu'occasionne le transport d'une échelle ordinaire.

« Pour l'établir, on prend avec exactitude le point central du colombier, on y place une pierre dure, solidement scellée, B (*fig.* 89), dans laquelle on pratique un trou assez grand, destiné à recevoir une crapaudine. Si l'on n'a pas disposé d'avance dans la charpente une poutre qui puisse recevoir le pivot supérieur, il faut en placer une assez forte pour le supporter convenablement. On fixe cette poutre à la charpente et aux murs par de forts liens en fer, car l'échelle doit être placée avec une solidité qui délivre de toute inquiétude.

« Au moyen de la pierre et de la poutre, on pose parfaitement d'aplomb le montant BD destiné à porter

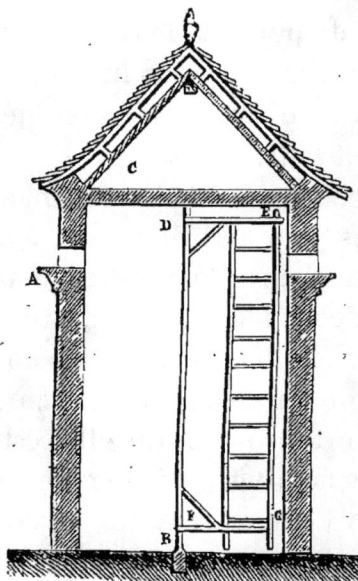

Fig. 89. — L'échelle tournante du colombier.

l'échelle; il doit être muni à chaque bout d'un fort pivot en fer, sur lequel il tournera. A la partie supérieure et à la partie inférieure de ce montant ou arbre *vertical*, on fixera solidement deux pièces de bois *horizontales* DE, FG, destinées à recevoir l'échelle EG. Celle-ci doit être placée à la distance convenable pour que la fille de basse-cour, lorsqu'elle est montée sur cette échelle, puisse visiter les nids facilement et la faire tourner sans descendre. Pour cela, il faut que le montant extérieur de l'échelle arrive à 0^m,18 ou 0^m,20 de distance des nids. »

Je n'ai plus rien à dire de l'abreuvoir puisque j'ai pris les devants dans un passage emprunté au frère

Fig. 90. — Trémie à divisions intérieures servant de mangeoire aux pigeons.

Agoard; mais je dois parler de la mangeoire, qui est tout simplement une sorte de trémie en bois qu'on place dans l'intérieur de l'habitation en hiver, ou bien aux époques pendant lesquelles les pigeons sont retenus au colombier par ordre de M. le maire. La figure 90 en donne une idée très-nette; elle est confectionnée avec art et de façon à ce qu'aucune graine ne puisse être perdue. A ces quelques meubles viennent s'ajouter certains ustensiles qu'il est bon de mentionner au passage.

C'est d'abord un petit instrument — l'épuisette — à l'aide duquel on prend les pigeons dont on a fait choix sans effaroucher, sans mettre en émoi toute la population du colombier ou de la volière. Ceux qui restent oublient vite ceux qui ont été pris ; leur mémoire serait plus longue pour un trouble et pour un dérangement personnels.

Le pigeon ne tient pas même par un fil au colombier dans lequel il est né ; pour un rien il le quitte et bien rarement il y revient. Aussi ne doit-on pénétrer dans sa demeure qu'avec précaution, à des heures fixes, sans brusquerie et sans bruit, après avoir poliment frappé à la porte en manière d'avertissement. Évitez ici les surprises. Pour les pigeons il n'en est point d'agréables et, sans faire ni une ni deux, certains couples abandonnent sans scrupules jusqu'à leur couvée. Donc attention ! Il faut dire pourtant que ces oiseaux apprennent aussi à connaître leur monde et qu'ils se familiarisent assez vite avec la personne chargée de les soigner, si, aux bons repas qu'on leur apporte, elle sait joindre des mouvements paisibles et une voix caressante. Voilà qui fait jouer à la trémie, à la mangeoire, qu'elle soit intérieure ou extérieure, dans la volière ou bien à petite distance en face, un rôle qui a son importance pour un éducateur. Mémoire de l'estomac, tu n'es pas un vain mot.

On sait de quoi se compose l'épuisette déjà nommée — d'un cerceau en fil de fer assez fort, muni d'un manche en bois de 2 mètres environ de longueur, et garni d'une poche profonde faite en filet solide.

Des grattoirs à main pour racler l'intérieur des nids, des brosses, des balais, des pelles pour le nettoyage de l'aire complètent le petit mobilier. Ces ustensiles sont utiles, indispensables pour toute habitation quelconque du bétail. En n'en parlant pas jusqu'ici, je n'ai pas précisément péché par omission, car je n'ai cessé de prêcher en faveur de la propreté, c'est encore pour y rappeler le lecteur que je viens d'énumérer les objets à l'aide desquels on peut la faire dans les colombiers où la vermine s'introduit facilement et d'où on ne la chasse pas avec autant de facilité.

Entre tous les animaux de la création, l'oiseau est assurément celui qui a encore le plus besoin d'air pur. Comment répond-on à ce besoin dans la volière, lorsqu'on la fait trop étroite et trop basse, lorsqu'on ne lui donne pas de jour et qu'on la prive des moyens d'aération les plus primitifs ? Ces moyens sont ici nécessaires autant que dans tout local habité, et l'on doit les y établir dans la proportion des exigences de la respiration, lesquelles sont considérables, de la même manière qu'on devrait le faire pour le poulailler. Je prie donc le lecteur de se reporter aux indications détaillées qui ont été déjà données à cet égard. Des tuyaux de drainage, placés tout au haut des murs, auraient en l'espèce une efficacité qui ressortirait à son plein effet. En donnant issue à l'air usé, ils contribueraient favorablement à la salubrité du colombier, c'est-à-dire à sa bonne réussite, à sa prospérité.

L'*appareilloir* n'est qu'une partie de la volière, une division de celle-ci dont l'objet est parfaitement défini par le mot lui-même.

Les pigeons vivent par paires, mais ils entendent se choisir, ils veulent s'apparier à leur gré. Les mariages forcés n'ont pas ici le même succès que les mariages d'inclination. Les appariements de hasard aboutissent presque tous à des incompatibilités d'humeur, et de celles-ci naissent de mauvais traitements qui vont à l'encontre du but essentiel de l'élevage.

L'appareilloir est le moyen de prévenir ces inconvénients. C'est un petit colombier, facile à tenir propre, dans lequel on dépose les pigeonneaux nés dans la grande volière et que l'on veut conserver, sitôt qu'il mangent seuls. En grandissant, ce qui n'est pas long, le sexe s'accuse : le mâle roucoule et la femelle fait la belle dans le dessein de plaire assurément. Ni la coquetterie de celle-ci ni les tendres propos de l'autre ne sont perdus ; les sympathies se prononcent, l'accord se fait, et vite on célèbre les fiançailles. Alors on remet ces jeunes couples dans le grand colombier. Ils se choisissent une place et ne songent plus, tout en s'aimant les uns les autres, qu'à obéir au vœu le plus cher de la nature, à ce commandement universel : Croissez et multipliez.

Ceci mène à une recommandation très-importante, que je traduis ainsi : ne laissez jamais ni célibataires ni veufs dans un colombier. Ce sont des parasites, des trouble-fête, des envieux qui n'ont d'autre souci que de semer la discorde dans les ménages. La fidélité régnait jadis parmi les pigeons dont on faisait des modèles de tendresse et d'amour constant. Les célibataires sont venus et la constance a disparu. Mangez les traîtres enfants du célibat, il se commettra encore assez d'horreurs sans eux dans la volière, car Colombine a des attraits et chez le voisin souvent l'esprit est prompt tandis que la chair est faible, à moins pourtant que, voulant être exact, je ne renverse les termes de la proposition qui me semble avoir vieilli avec le temps, pour dire plus véridiquement ceci : La chair est prompte et l'esprit est faible.

G — LA FAISANDERIE.

Un nouveau venu. — Les grandes faisanderies. — Les petites éducations. — Cabane et perchoir. — Les six sultanes. — La cour
fermée et couverte. — Les parquets. — L'incubation. — L'éclosion. — Les éleveurs d'occasion. — Les ailes et les pattes.

S'il n'est pas encore très-répandu, l'élevage domestique du faisan n'est plus précisément ni une nouveauté ni même une rareté. Or l'élevage domestique
suppose une installation, une habitation quelconque.
Celle-ci a reçu le nom de *faisanderie*.

Les faisanderies sont des établissements complets.
Il y en a fort peu ; elles sont plus du domaine de la
vénerie que de l'économie rurale. Il faut cependant
en dire quelque chose avant de parler des petits éle-
vages domestiques qui tiennent de plus près à la basse-
cour.

« Les faisanderies proprement dites, écrit M. Bouchard-Huzard, se composent d'une grande chambre
pour la couverie, d'un certain nombre de compartiments couverts avec enclos attenants, et d'un parc, où
on lâche les oiseaux, lorsqu'on juge à propos de les
abandonner à eux-mêmes. Les pièces fermées peuvent
être remplacées par des *parquets* (petits parcs). On
appelle ainsi des compartiments établis sous des han-

gars en appentis avec perchoirs et huttes où se réfugient les oiseaux : devant ces parquets sont des enclos fermés de treillages ou de filets.

Quant au terrain attenant, voici ce que nous trouvons dans l'un de nos meilleurs auteurs :

« 5 hectares environ sont une étendue convenable pour former une faisanderie : il faut une bonne clôture, soit en murailles, soit au moins en planches. Le taillis doit y être assez fort pour procurer aux faisans un ombrage pendant l'été et un abri dans la mauvaise saison. Les meilleures plantations sont celles de genévrier, de cornouiller, d'épine noire et blanche, de merisier à grappe, de fusain, de groseillier, de framboisier, de ronce, de sureau, ou autres essences dont les fruits ou baies procurent aux faisans une nourriture saine et agréable. Un peu d'eau courante serait fort utile. »

Les murs avec chaperons en tuiles vernissées pardessous et en saillie de 0ᵐ,15 sont les meilleurs pour prévenir les incursions des animaux nuisibles ; on scelle, sur leur face intérieure, des bâtons qui servent de perchoirs aux faisans ; on abrite même ces perchoirs par de petits toits en planches ou en paillassons ; d'autres abris semblables peuvent être posés d'un bout à terre, et de l'autre appuyés sur la muraille.

« Il est bon qu'une allée bien sablée soit réservée le long de la clôture du parc : un faisandier habile peut reconnaître, sur le sable, les *piquets* ou traces laissées par les fouines, putois, renards, s'il s'en est introduit dans l'enclos, et par conséquent leur faire la chasse. »

Au-dessous de ces grands établissements, il y a, je le répète, de petites éducations qu'on dirige en tout comme celle de la poule ordinaire. Mais il y a les papas et les mamans qui fausscraient vite compagnie si on leur en laissait les moyens. On s'en garde vraiment et l'on a raison, car ils n'en sauraient aucun gré à personne. On s'avise donc et on les garde, on les coffre plutôt ensemble dans une cabane en bois de grande dimension, dont le devant est fermé de barreaux en bois également ou d'un grillage en fil de fer. Élevons cette cabane à la hauteur d'une petite chambre très-saine, plaçons au milieu le tronc branchu d'un arbre mort et appuyons au mur un pondoir qu'on puisse visiter du dehors par une trappe, afin d'en enlever les œufs qu'y déposera la faisanne, et nous aurons une petite habitation dans laquelle nos deux oiseaux ne pâtiront pas trop si la nourriture est bonne et suffisante, si la malpropreté est soigneusement évitée.

Que si néanmoins on voulait utiliser plus largement les forces productives du coq, on pourrait lui donner jusques à six sultanes qu'il chérirait et satisferait complétement. Alors les dimensions de la cabane se développent en raison des besoins, aussi bien que les branches du perchoir qui pourrait devenir la roue de la dindonnière, et le nombre des pondoirs de s'accroître jusqu'à trois ou quatre, puis il faudrait prévoir les exigences de la respiration et songer au moyen d'évacuation de l'air devenu irrespirable.

Ce n'est pas tout encore. A cette petite habitation pour ces sept têtes, il y a nécessité d'ajouter une petite cour, une cour fermée et couverte de filets. On a alors un diminutif de la grande faisanderie qu'on fera bien d'imiter partiellement.

S'il en est ainsi, on ne lira pas sans intérêt le passage suivant extrait de l'article Faisan de l'*Encyclopédie pratique de l'agriculteur*, écrit par un chasseur émérite, M. J. Lavallée.

« Dans l'enclos, dit-il, nous dirons, nous, dans un endroit paisible, pas trop sec, mais salubre, on établit des parquets ou de grandes volières, ayant de 3 à 4 mètres de largeur, sur une profondeur semblable. Ils sont entourés d'un treillage de fil de fer ou de bois de 2 mètres de hauteur. Le dessus doit être couvert d'un filet en minces cordelettes que l'on a soin de ne pas placer trop tendu, de peur que les poules, si quelque chose venait à les effrayer, ne s'y frappassent violemment la tête en cherchant à prendre leur volée. Au milieu du parquet, on plante ordinairement un arbre mort dont les branches servent pour la nuit de perchoir. L'habitude de laisser ces oiseaux coucher en plein air contribue certainement à entretenir chez eux la sauvagerie qui leur est naturelle : car même nos poules communes, lorsqu'on leur laisse contracter cette habitude, deviennent farouches, dérobent leurs œufs, et la fermière a beaucoup de peine à les faire rentrer au poulailler. Le cultivateur qui tentera d'élever des faisans, non pour peupler une chasse, mais dans le but de les utiliser comme oiseaux de basse-

20

cour, fera peut-être bien de joindre à chaque parquet une espèce de poulailler où se trouveront les juchoirs. Il devra essayer d'y faire rentrer les faisannes chaque soir, car ce sera un grand pas fait pour la domestication. Dans tous les cas, lors même qu'on ne construirait pas de poulailler, il faut que le parquet contienne une petite construction ouverte par les deux bouts, qui puisse servir d'abri aux oiseaux pendant la nuit et dans laquelle on déposera le panier qui doit servir de nid pour la ponte.

«Chaque parquet doit renfermer un coq et six poules; cette proportion est celle qui a été reconnue la meilleure. Un plus grand nombre de poules fatiguerait le coq, et l'on obtiendrait beaucoup d'œufs non fécondés ; s'il y avait moins de poules, elles seraient trop tourmentées par le mâle, et la ponte pourrait en souffrir.

« Quand les parquets sont adossés à un mur et bien exposés au soleil, les premières pontes ont lieu du 8 au 20 avril et continuent jusqu'au mois de juin..... »

Voilà pour les grands, pour les adultes ainsi que le montre la figure 91.

J'ai dit qu'on enlève les œufs. Dans les petites éducations, on ne les fait pas couver par la faisanne, mais par une étrangère qui, le plus souvent, est la poule ordinaire.

A l'éclosion, les petits reçoivent pour première habitation une boîte à élevage construite d'après les données de la figure 75, mais sur de plus grandes dimensions. On lui donne 2 mètres de longueur sur 0m,80 de

largeur et 0^m,50 de hauteur, et on place cette boîte,
contenant la mère adoptive et les petits, dans un parquet établi comme il vient d'être dit.

Les éleveurs de circonstance ne vont pas aussi loin
dans l'aménagement des lieux et des choses. Ils traitent en tout les faisandeaux comme on traite à l'habitude les poussins ; ce sont alors des oiseaux dont la
vie finira de bonne heure, et on les tient tout simplement dans la basse-cour parmi les autres volailles. Ce
n'est pas trop leur affaire, mais enfin, et à tout prendre,

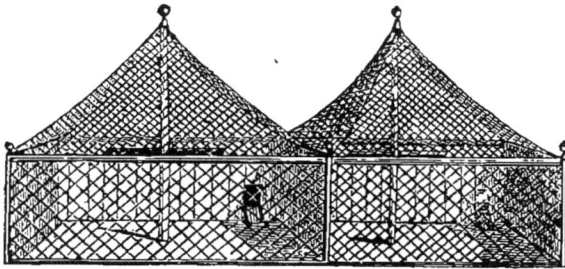

Fig. 91. — Parquet d'élevage des faisans.

ils ne sont pas là précisément en vue de leur propre
satisfaction. Ah ! pour être sûr qu'ils y resteront, par
exemple, jusqu'à l'heure où on trouvera bon de les faire
passer au garde-manger, on emploie les grands moyens ;
on leur casse le fouet de l'aile. C'est être un peu bien
dur sans doute ; mais de la sorte le vol est devenu
impossible. Or, les animaux qui ont des ailes ne fuient
pas avec leurs pattes. L'éleveur qui agit ainsi est donc
certain de manger ses élèves sans avoir eu besoin de
supporter les frais d'établissement de cours spéciales,
couvertes de filets.

H — LE MOT DE LA FIN.

Les capitaux engagés. — Les soins de conservation. Réparez au jour
le jour. — Une démonstration. — Ce que vaut la négligence. —
Sottise n'est pas d'or. — Ce que c'est que la malpropreté. — Un
beau livre à composer. — *Non est hic locus.* — Un apologue de
Franklin. — Quelle affreuse nichée !

En commençant, j'ai dû dire pourquoi et comment
l'agriculture française immobilise un capital relativement considérable dans les constructions rurales.
Plus est lourde la charge, mieux il faut disposer toutes
choses, et pour l'utilité la plus grande et pour la
conservation en bon état. Ce n'est pas tout, en effet,
que de consacrer de grosses avances à édifier des bâtiments d'exploitation de toutes sortes et à les convenablement approprier tous et chacun à leur destination générale et spéciale, il reste, ainsi que l'écrivait
récemment, dans le *Journal de la Ferme,* un agronome
judicieux, M. Koltz, il reste à rechercher comment on
parviendra à donner la stabilité et la sûreté au capital
engagé. Le moyen est bien simple : « c'est de conserver les bâtiments avec soin et de les réparer, sans attendre, pour les empêcher de tomber en ruine. »

Une construction bien faite a nécessairement une
longue durée. Le dehors et le dedans, s'ils ont été bien
compris de prime abord et convenablement amé-

nagés pour leur destination ne réclament celui-là de grosses réparations et celui-ci de changements qu'à des intervalles relativement éloignés, si le maître se donne pour mission de prévenir les dégradations majeures en remédiant, sans délai, à tous les accidents qui surviennent de temps à autre, en réparant au jour le jour les dégâts qui se manifestent du soir au matin. Obstruez, fermez aujourd'hui la gouttière qu'a faite hier un coup de vent, qu'a produite en temps calme une course de chats en goguette ; resserrez le gond de ce volet mal assujetti, que la tempête a ébranlé ; redressez cette clef maladroitement touchée au passage par un cheval effrayé au sortir de l'écurie ; fixez à sa place la planche que la perte d'un clou a détachée de sa voisine ; rétablissez le coulisseau arraché qui empêche la trappe du poulailler de fonctionner et de remplir son office ; remplacez par un carreau neuf celui qui vient d'être brisé ; faites tout cela et bien d'autres choses encore à mesure que se présente le besoin, et votre peine ne sera pas perdue.

Laissez au contraire, pendant trois mois, pendre cette porte au seul gond qui la tienne ; remplacez le carreau de verre par la feuille de papier et le mastic tombé par la pâte ; substituez au crochet ou à la planche de ce volet la cheville et la ficelle, qui céderont au moindre effort du vent, et vous verrez si, dans un intervalle de dix-huit mois à deux ans, vous n'êtes pas forcé de renouveler croisées et volets, ou même de rétablir jusqu'aux montants des portes.

Voilà des fumiers dont les tas grossissent et montent. Source de richesse pour ceux qui les placent bien et les soignent comme il convient, d'où vient qu'on en fait des causes d'insalubrité et de destruction? Je les vois appliqués en beaucoup d'endroits contre les murs derrière lesquels sont enfermés ceux qui les produisent à chers deniers, hélas! Ce n'est point assez. Il faut qu'à ce prix trop élevé vienne s'ajouter la somme des dégradations que, par incurie, ils préparent et déterminent. Ils pourrissent les murs; ils entretiennent l'humidité dans les intérieurs et forceront, avant qu'il soit longtemps, à réédifier jusqu'aux fondations. On n'agit pas mieux au dedans, car on n'assure pas l'écoulement prompt et complet des déjections liquides ou leur facile absorption ; on n'aère pas les étables, et murs et planchers s'altèrent vite, s'altèrent et se dégradent en même temps que les animaux souffrent de la présence de l'humidité, de l'absence d'air respirable et le reste.

Le reste! qu'est-ce donc? C'est la malpropreté, un vice abominable qui cause d'immenses ravages et qu'il faut combattre à outrance. Qui donc fera aimer la propreté aux générations futures? Il y aurait là un beau livre à composer et de grands services à rendre à la civilisation.

Ce n'est ni le lieu ni le moment d'entreprendre cette tâche, mais je puis bien dire que les moyens, tous bien faciles vraiment, à l'aide desquels on entretient la propreté en tout, partout et au profit de tous, sont d'or, car ils préviennent, dans la marche du temps, des déboursés considérables et des réparations coûteuses aux bâtiments dont ils prolongent la durée comme ils conservent la santé de ceux qui en occupent les intérieurs.

Et le fait est si réel qu'il me rappelle cet apologue de la *Science du Bonhomme Richard :* « Faute d'un clou, le fer d'un cheval se perd ; faute d'un fer, on perd le cheval ; et faute d'un cheval, le cavalier lui-même est perdu. »

La malpropreté, l'inattention, le désordre, la paresse, l'inertie, tous enfants du même père, constituent une affreuse nichée; ils sont en bloc ou séparément les fléaux de l'humanité.

FIN.

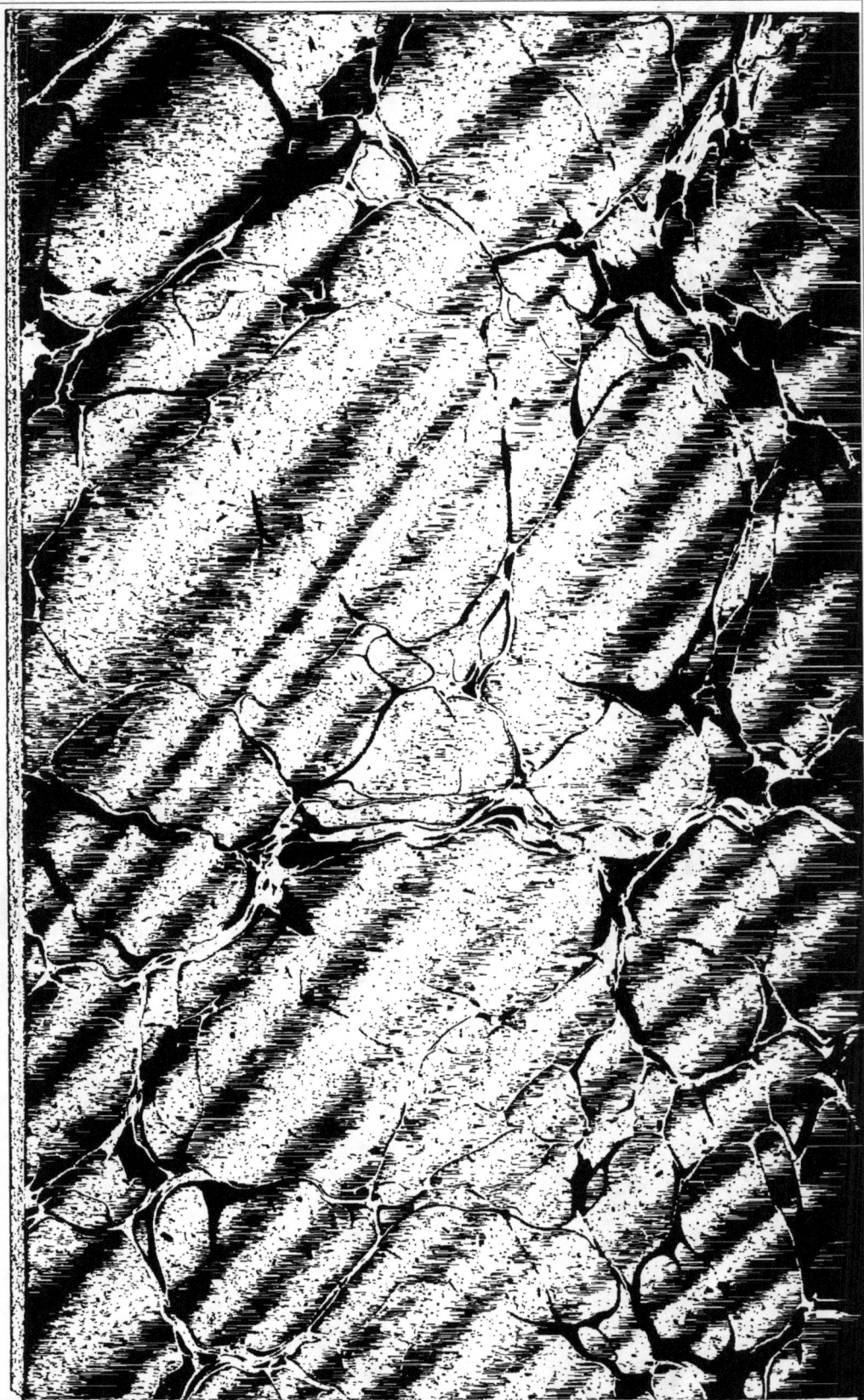

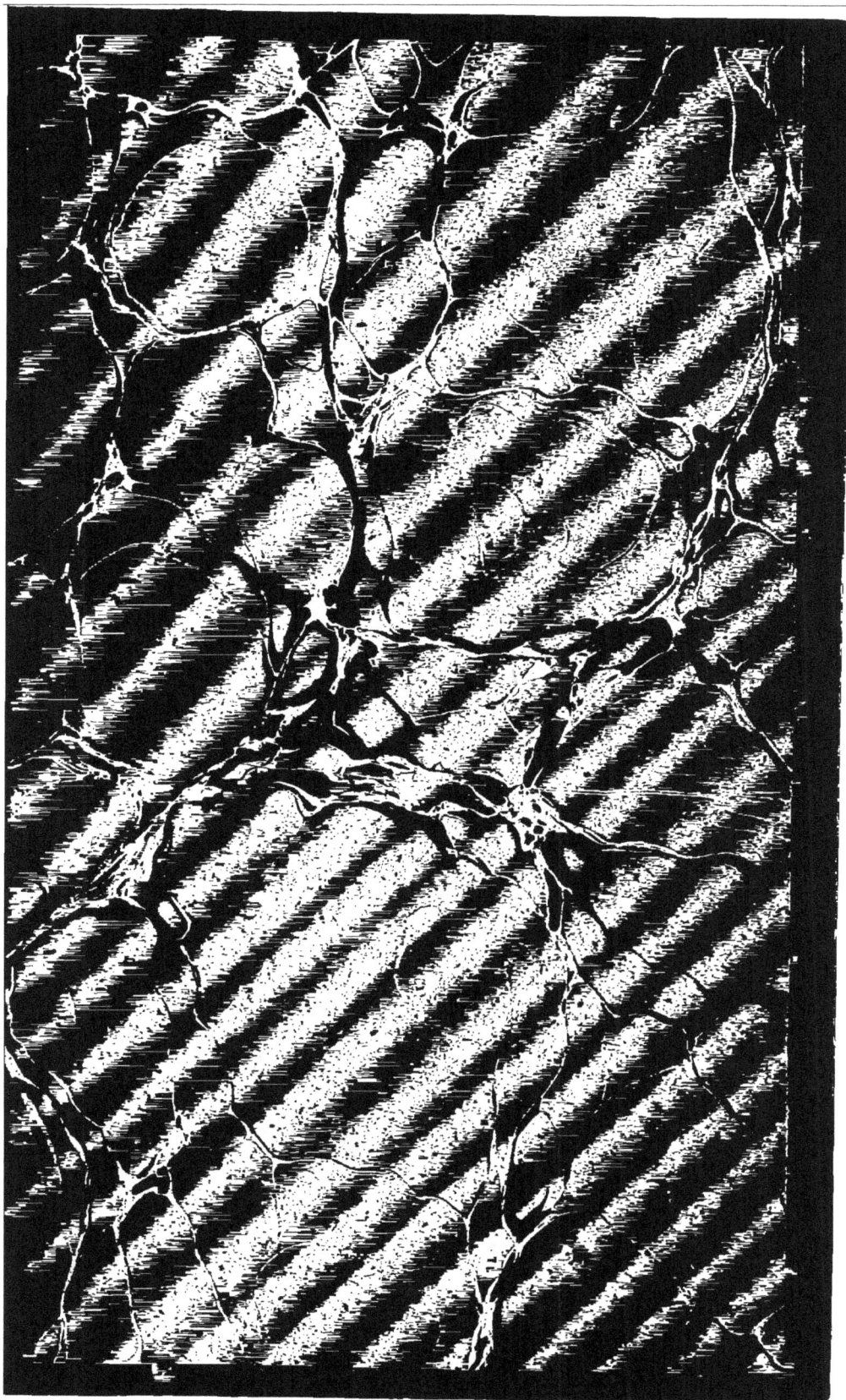

www.ingramcontent.com/pod-product-compliance
Lightning Source LLC
Chambersburg PA
CBHW061107220326
41599CB00024B/3943